Old-Fashioned "Local Soda" in Japan

懐かしの地サイダー

著／清水りょうこ

ARIMINE

そういった、地元や地域で飲むサイダーを総称して「地サイダー」と私が呼び始めたのは２００２年。『日用の趣味マガジン ドーラク ｖｏｌ・４』（２００２年８月発売／辰巳出版）での「地サイダー」に関する拙記事が広まるきっかけになったと思う。地ビールや地酒を真似たネーミングであった。

以来、「地サイダー」という言葉は少しずつ浸透していった。現在では清涼飲料水の業界団体である「全国清涼飲料工業会」や「日本ガラスびん協会」でも、使用するようになった。

　しかし、言葉は生き物だ。元々は各地でそれなりの歴史を持ったサイダーを「地サイダー」と呼んだのだが、小ロットでも製造が出来る中小メーカーの利点が生かされ、地域おこしや、農産物を活用した新しい「地サイダー」が次々と誕生。2015年12月現在、グーグル検索で調べた「地サイダー」（ご当地サイダー等も含む）は、600銘柄以上あった。清涼飲料の1ジャンルとして、「地サイダー」は確実に定着したと言えよう。

　今やネットやアンテナショップで、「地サイダー」は手軽に入手できるものが多い。そういった点も人気となった背景のひとつではある。だが、チャンスがあれば、そのサイダーが生まれた土地を訪ねて、現地で飲んでほしい。それが「地サイダー」の最大の楽しみかたであると考える。

目次

※本書では、数ある「地サイダー」の中から、これまで取材したものを中心に紹介しています。現在、発売されていないものも含んでいますのでご了承ください。

第１章

伝説の地サイダー

かつて日本全国にあった地サイダー。
だが、様々な事情により、その歴史に幕を降ろし、
伝説となった地サイダーをご紹介しよう。

岐阜県養老町
養老サイダー

ありし日の「養老サイダー」。
緑の瓶はワンウェイ瓶だった。

私が「養老サイダー」を知ったのは、インターネットのニュースだった。「日本で最も古いサイダーのひとつが生産を終了する」という情報が、２０００年末に大々的に流れていた。すぐに「養老サイダー」に電話をしたところ、東京で扱っている酒屋さんを教えてくれた。間一髪だったが、なんとか味わうことが出来たのである。

明治23年に創業した、大垣市内でラムネを製造していた「開屋」が、明治32年に「伊吹サイダー」を発売。その翌年の明治33年に工場を養老に移転し、養老の天然水である菊水霊泉を使用して製造を開始したため、「養老サイダー」と改名した。以来、２０００年12月まで、作られていた、まさに伝説のサイダーである。

写真上：「養老サイダー」に使われていた王冠。

写真右：養老公園の最寄り駅は、近鉄の養老駅。ひょうたんが有名らしく、駅前には巨大なひょうたんのオブジェが。

「養老サイダー」は、「養老の滝」を擁する「養老公園」の風物詩として定着。また、積極的な販売努力により、北は北海道から南は九州まで販路を広げたという。

　最盛期には「東の三ツ矢、西の養老」とまで言われるようになったとか。

　しかし、２０００年6月に四代目社主の日比野泰敏氏が逝去。「自分の死後、直ちに会社をたたむこと」という遺言が残されていた。それだけでなく、製造を続けていく人的、会社的体力の不足もあり、「養老サイダー」の製造中止は決定された。

■養老サイダー株式会社
※現在は「菊水霊泉」の製造も終了し、廃業。

●岐阜県養老町　養老サイダー

養老の滝

その後、先代の社主泰敏氏の弟にあたる日比野武司氏が五代目に就任。「養老霊水」の製造・販売をしていたが、こちらも2014年9月で終売。「養老サイダー」の歴史は、ひとまずピリオドが打たれた。

「(前略) 将来における養老サイダーの復活も視野に入れ営業を継続している」とは、四代目日比野泰敏氏の長男である日比野裕氏が著した『伝説・養老サイダーと菊水霊泉』の最終章にある一節だ。

復活への道のりは、さらに険しさを増したようにも見えるが、その言葉を信じて、再び飲める日を待ちたい。

養老の滝・菊水泉
YORO
Alkaline Ionized Water
養老霊水
創業明治23年

菊水霊泉

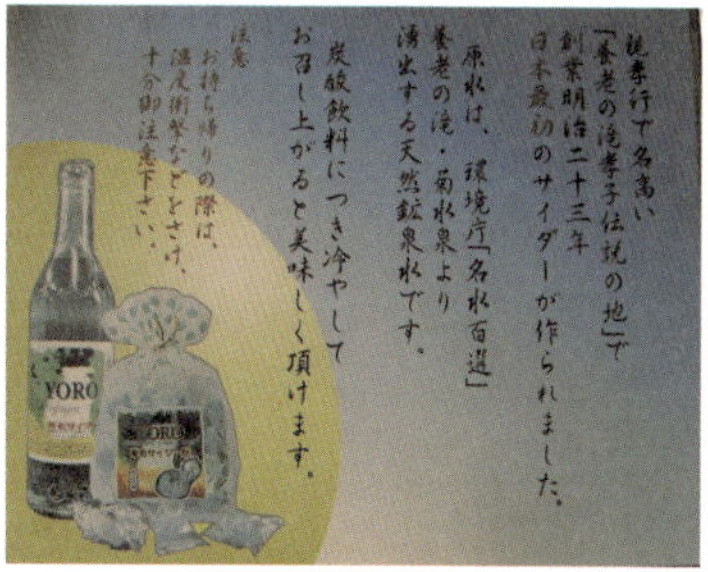
親孝行で名高い
「養老の滝孝子伝説の地」で
創業明治二十三年
日本最初のサイダーが作られました。
原水は、環境庁「名水百選」
養老の滝・菊水泉より
湧出する天然鉱泉水です。
炭酸飲料につき冷やして
お召し上がると美味しく頂けます。
注意
お持ち帰りの際は、
温度衝撃などをさけ、
十分御注意下さい。
YORO

写真右：養老サイダーの広告。どこかの店舗にあったもの。「養老サイダー飴」というものもあったようだ。

写真上：菊水霊泉の水源。きれいに整備されていた。

写真左：「養老霊水」。菊水霊泉の水。この水で「養老サイダー」は作られていた。

山形県鶴岡市
金鶴サイダー

「金鶴サイダー」。鶴の絵柄が実に味わい深い。

五十嵐飲料の創業は１８７７年。当初はブドウ酒を製造していた。会社設立は１９６５年。最初の製品は「キンツルぶどう液」で、サイダーの製造は１９４８年から。五十嵐新一氏は三代目で、高校を卒業すると同時に家業を継いだ。

製造していたのは、「金鶴サイダー」「キンツルパインサイダー」「キンツルラムネ」「ロイヤルエイド」（オレンジ飲料）、「キンツルりんご」など。五十嵐氏と奥様、ほかに数名のスタッフで手掛けていた。

最初に訪れたのは２００３年の夏。後継者はいるのかと尋ねたところ、少しさびしそうに首を振ったのを覚えている。息子さんがいらっしゃるが、別の企業に就職。２０１４年にうかがった際は、転勤で海外勤務だった。

写真上：五十嵐飲料のキャップ。金鶴の「金」を意識したのだろう。金色でピカピカだった。

写真右：五十嵐飲料の工場。木造２階建てだった。

■五十嵐飲料有限会社

五十嵐氏は、サイダー製造者としての顔だけではなく、コレクターとしての顔も持っていた。以前住居だったというサイダー工場の2階は、さながら私設博物館といった様相で陶器、古民具、各地の民芸品などが所狭しと陳列されていた。

中でも、「サイダーラベルコレクション」は秀逸で、30都道府県536種類のサイダーラベルをパネルに入れて飾ってあった。

業務のかたわら、あちこちから集められてくるリターナブルびんのラベルを、ひとつひとつ丁寧に剥がして集めていったという。

●山形県鶴岡市　金鶴サイダー

「キンツルパインサイダー」。山形では、普通のサイダーよりもパインサイダーのほうが人気だった。

サイダーラベルのコレクション。「五十嵐新一コレション」として清水が借り受け、青梅の「昭和レトロ商品博物館」で2回、展示公開。今後も機会を作り、より多くの人に見てもらい、在りし日のサイダーについて思いを馳せてもらいたい。

　そのため、ラベルの状態はすべてがベストとは言いがたいが、これほどの数を地道に集めたものはほかにないだろう。
　サイダー製造を終了されたのは２００３年。現在、工場があった場所は広い駐車場となっている。

写真上：工場内の機械。かなり年季の入ったものだった。

写真左：工場の入口で撮影した五十嵐新一氏（2002 年撮影）。

青森県弘前市
朝日サイダー

かつての三ツ矢サイダーの瓶に紙のラベル。味は炭酸が強めで、スッキリ。香料はオリジナルの調合で、門外不出。「それだけは誰にも教えられない」と娘さんは言う。

「そろそろ潮時だと思ってね。サイダーはもうダメでしょう?」。

とある集まりで出会った弘前在住の人から、「工場はコンビニになりましたよ」と聞き、慌てて電話をしてみた。日を変えて何度めかでやっとつながった。電話に出られたオーナーの娘さんに事情をうかがうと、２０１４年の末でサイダー製造は終了したという。その理由が冒頭の言葉だった。

「朝日サイダー」は、ＪＲ弘前駅から車で約10分くらいの場所にあった。明治30年、愛知県出身の佐野仙之助氏によって創業。当初はラムネのみ製造していたが、その後サイダーの製造も手がけるようになった。

当代のオーナーは佐野静枝さん。親類が四日

工場の敷地の入口にあった「朝日サイダー」の看板。道路からよく見えた。

市でサイダー業者をしていた縁で、二十歳の時に愛知から嫁いできた。愛知から弘前までは、列車と馬車で2日かかったという。

昭和17年、第二次世界大戦が始まり、サイダー作りに必要な材料は手に入りにくくなった。それでも静枝さんは、ヤミルートで砂糖などを入手するために東京へ出かけて行ったそうだ。

終戦後しばらく、物資の不足で思うようにラムネやサイダーが作れなかったが、桶に甘味料を水で溶かしたものでも飛ぶように売れたらしい。それだけ人々は甘いものに飢えていたのだろう。

●朝日サイダー佐野本店

2014年12月にて製造終了。工場の跡地にはコンビニが建っているという。

●青森県弘前市　朝日サイダー

「朝日サイダー」という名にふさわしい、朝日が鮮やかなラベル。横書きの文字が右から左へ書かれているので、戦前のものだろう。製造者の佐野仙之助氏は創業者である。

一番、売れたのは昭和55年前後で、1日に1千箱以上出荷していた。

おもな販売方法は宅配で、サイダーが無くなったら連絡をもらい、箱ごと回収して、新しいサイダーを置いてくるというものだった。置き薬ならぬ置きサイダーである。

しかし、駄菓子屋や町のスーパーが激減するように、近年はサイダーを宅配で頼む人も減少。収益もあまり見込めず、周囲からも「そろそろやめたほうがいい」と言われ続けていたという。

10年前に「私の目の黒いうちは、工場をつぶさせない」と言っていた静枝さんも、すでに80代。サイダー製造を継ぐ人もいないため、決意したのだろうか。

今はただ、長い間、おいしいサイダーを作っていてくれたことに感謝したい。

写真上：オーナーの佐野静枝さん（2005年撮影）。

写真右：いつ頃からかは定かではないが、社屋前での記念写真。

写真左：朝日サイダーの創業はラムネからスタートしたことから、ずっと神棚に飾られている「ラムネ」。ラムネ瓶に「朝日ラムネ」とエンボス加工がされている。

山形県上山市
コロナパイン

「コロナパイン」。砂糖使用で、かなり炭酸は弱めだったが、どこか和菓子テイストな味わいが特徴だった。

コロナパインを作っていたのは、山形県上山市にあった「志んこや」。1690年から続く、由緒ある菓子屋でもあった。

「志んこや」の「志んこ」とは「新粉」のことで、お菓子の材料であるお米の粉。菓子屋は夏になるとヒマになるため、菓子と同じ材料でできる夏の商材として、ラムネ作りをはじめたという。

ラムネ製造の歴史は古く、明治時代にラムネ製造の許可を受けた証書もあった。サイダー作りは明治の末頃から。いわゆる普通のサイダーで、パイン味を作り始めたのは昭和になってからのことらしい。山形県内の笹原飲料がパインサイダーを作り、それが大ヒットしたことから、他のメーカーも追随。それが定着したようだ。

写真右:在りし日の「志んこや」外観。和洋菓子も作っていて、おいしかった。

それにしてもなぜパインだったのか？　不思議に思ってご主人に尋ねたところ「その昔、パインアップルは、南の島の高級フルーツ。庶民に手が届くものではなかったから、憧れもあったのでは」と話してくれた。

かつて山形県内にはラムネやサイダーを製造するメーカーが35社ほどあったという。だが、2002年の取材当時で5社のみ。しかも、ほとんどが家族だけで切り盛りしていた。

●有限会社　志んこや

●山形県上山市 コロナパイン

志んこやさんのラムネ、「月岡ラムネ」。なんとバナナ味！

ラムネやサイダー作りは、想像以上に手作業の部分が多く、かなりの重労働である。

さらに、サイダーやラムネの瓶を確保することが、なによりも大変だったらしい。工場で使用している機械に合う瓶でないと製品は作れなくなる。瓶は捨てずに必ず返して欲しいと言っていた。

2002年の取材後、2004年にも顔を出した際、いろいろな話を聞かせてもらった。しかし、2010年の秋に立ち寄ったところ、店は閉まっていて、人の気配はなかった。

また飲めると思っていただけに心底、残念だった。

写真右：「コロナサイダー」のラベル。レモンフレーバーの普通のサイダーなのだとか。受注生産なので、訪問した時には飲めなかった。ちなみに、「コロナサイダー」という名前は、山形の保健所の人が付けてくれたらしい。

写真上：サイダーを入れるプラ箱に入ったマーク。王冠も同じデザインだった。

写真左：「コロナニューパイン」は、「コロナパイン」よりも炭酸が強く、人工甘味料を使用していた。

山形県鶴岡市
ニッシンフルマークスパイン

「ニッシン　フルマークスパイン」。このラベルは古いもの。パインの切り口写真などは、果汁飲料しか使えないため、イラストのものに切り替えた。ただ、印刷してしまった分は使ってもいいということで、一部使用されていた。

ＪＲ羽越線の鶴岡駅からひとつ目、羽前大山駅から数キロのところに荘内合同飲料はあった。鶴岡の市街地からは、車で約30分くらい。「うちはほかと違って、規模が大きいからね」と代表の小林氏が言うだけあって、敷地は広く、大がかりなサイダーの製造機や洗ビン機などもある大規模な工場だった。

１９５０年代に「ポリジュース」いわゆる粉ジュースの袋を製造していたが、その後中身も作るようになった。サイダーを手がけるようになったのは、１９６０年代後半だ。

地サイダーの取材をしていると、しばしば耳にするのがリサイクル瓶の問題。社会的にリユースのシステムが崩壊しているため、瓶の確保は重要課題。

写真上：庄内合同飲料のキャップ

写真右：サイダーの瓶が入ったプラ箱。人の背の倍以上ある。

ただ、残念ながら廃業する製造業者も多い。そこで同社は全国のメーカーにリサイクル瓶を購入するというDMを発送。積極的にサイダー瓶を確保。敷地内には、買い取ったサイダー瓶の入ったプラ箱がうず高く積み上げられていた。

「ニッシンフルマークスパイン」は液色がパイン色で、炭酸は強めだが細かい泡が特徴だった。コップに空けると華やかなパインの香りが広がる。冷蔵庫などでよく冷やして飲むと、格別のおいしさが味わえた。

●山形県鶴岡市　ニッシンフルマークスパイン

「ニッシンフルマークスパイン」
イラストバージョンの新ラベル。

初めて訪れたのは２００２年。取材時には「継ぐかどうかはわからない」と言っていた息子さん夫妻が引き継いだのはその数年後。知らせを聞いて、とてもうれしかったのを覚えている。

ところが、２０１１年の東日本大震災後で廃業されていたと最近知った。福島など東北の太平洋側に多く出荷していたらしく、震災により収益が激減したことが影響したらしい。

山形の味がまたひとつ消えてしまった。

写真右：工場も大きいが、機械も大きかった。

写真上：自社の大きなトラック。車体にサイダーのラベルと同じ柄が入っていた。

写真左：「ニッシンサイダー」。以前は白サイダー（普通のサイダー）が詰められていたが、取材時には、中身はパインサイダーが詰められていた。

地サイダー取材をスタートして約15年。
やっと出会えた、と思った矢先に終売や
廃業などで、消えていってしまう地サイダー。
せめて、その姿だけでも「伝説」として残したい。

青森県
キングサイダー

2005年に購入。機械の調子もイマイチだから、もう、やめるかもしれないと言っていた。翌年には終売してしまった。／有限会社　中西商店

秋田県
タカラサイダー

2002年の秋に購入。数年後に終売。メーカーの榎食品さんは、きりたんぽの製造を今もされている。／有限会社　榎食品

愛知県 日ノ丸サイダー

古くから使用されているラベルのデザインが魅力的だった。2011年に終売。／合資会社森川飲料

山形県 フジサイダー

山形にあるこんにゃく屋さんで出されていた「フジパインサイダー」。普通のサイダーもあったが、数年前に終売。／フジサイダー工場

山形県 エコーサイダー

酒田市にあった飲料メーカー。2002年に訪問したが、「もう作らない」とおっしゃっていた。すでに終売。お菓子なども作られていた。／林飲料工場

Column

海外のサイダーはお酒？

「サイダー（CIDER）」というと、世界のほとんどの国では、りんごを発酵させて造ったりんご酒「シードル（フランス語ではcidre、英語表記ではCIDER）」を指す。日本では誰でも飲める、ノンアルコールの甘くてさわやかな炭酸飲料だ。なぜ、そうなったのか？

サイダーは炭酸と甘味と香料で作られている。明治元年、日本で最初に炭酸飲料を製造販売し、さらに製造機械や瓶、香料や酸味料などの輸入販売を行ったのが横浜の「ノース・アンド・レー」社だ。同社は「シャンペンサイダー」と名づけた炭酸飲料を販売すると共に、同名の香料を大々的に売り出す。その香料名がそのまま飲みものの名前となっていったようだ。そのため、「サイダー」がノンアルコールの炭酸飲料なのは、日本を含めたアジアの一部だけである。

第２章

伝統の味わい

日本にサイダーが生まれた明治時代からの
歴史を持つ中小メーカーが今もある。
そんな「伝統の味」を今に伝える地サイダーをご紹介。

兵庫県西宮市
ダイヤモンドレモン

飲食店用のリターナブル瓶。王冠の部分が銀紙で包まれていて、とても高級感がある。レモンの香りが素晴らしい。

「ダイヤモンドレモン」の歴史は大正3年、神戸の布引礦泉所が横浜にあった日本エレテッド・ウォーターカンパニーを買収し、横浜工場としたところから始まる。

日本エレテッド・ウォーターカンパニーはダイヤモンド印のシャンペンサイダーなどを作っていた会社で、製品は主に明治屋などに卸していた。そのダイヤモンドブランドを冠して作られたのが「ダイヤモンドレモン」である。

横浜工場は関東の需要に対応していたが、大正12年の関東大震災で焼失。その後、東京の芝区（現

写真上：「ダイヤモンドレモン」の王冠。

写真右：新神戸駅のすぐ裏手にある布引にあった頃の工場と事務所の写真。昭和初期に撮影したもの。

在の港区）浜松町一丁目に東京工場を新設するが、昭和20年に今度は戦災で焼失。それでも「ダイヤモンドレモン」は残った。

布引礦泉所の歴史はさらに古い。明治32年、神戸川崎財閥の創設者であり、川崎造船の創業者でもある川崎正蔵が設立。現在、新神戸駅の裏手に当たる布引の滝周辺は、平安時代以来の名所で、明治時代には別荘地として人気があったらしい。明治15年、川崎氏はその周辺地を購入。明治17年に敷地内から鉱泉が発見されている。明治18年には住居建設を開始しているので、それらに伴う調査で発見されたのであろう。

●株式会社布引礦泉所
〒663-8244
兵庫県西宮市津門綾羽町 8-15
TEL 0798-35-1313（代）／FAX 0798-23-1656
ホームページ　http://www.nunobiki.co.jp/

●兵庫県西宮市　ダイヤモンドレモン

通販用のワンウェイ瓶。
中身は同じだ。

昔の「ダイヤモンドレモン」の広告。

実際に炭酸水を製造販売するのは明治34年から。布引で採水される天然鉱泉に炭酸ガスを加えたもので、「ヌノビキ・タンサン」というブランド名を冠した。大正期には国内販売のみならず、中国や朝鮮へも輸出していた記録が残っているという。

現在、布引礦泉所は西宮の今津にある。元々は布引にあったが、昭和13年の大水害で、事務所も製造所も流されてしまったためだ。

だが、飲料を作る原料水は、今も布引の井戸水をタンクローリー

写真上：「布引タンサン」のラベル。見せていただいた商標帳には、輸出用のラベルなどもあった。

写真左：「ダイヤモンドガラナ」。パッケージに風格があり、大人の飲みものという印象。

で運んで使用している。

会長によると「ダイヤモンドレモン」のレシピも「自分が40年以上も前に入社したときから一度も変えていない」という。高純度のざらめとフランス製の天然レモンから抽出した香料、明治時代から湧出し続けている鉱泉水。本当の歴史を持つ、伝統の味を伝える本物のサイダーである。

佐賀県小城市
スワンサイダー

近隣宅配用の「スワンサイダー」。グリーンのビンにプリントのリターナブル瓶だった。現在は終売。

九州は佐賀県牛津に本社がある株式会社友桝飲料。創業明治35年。社名は、創業者友田桝吉の苗字と名前を一文字ずつ取り「友桝」とした。

当初はラムネ製造からスタート。途中、戦争によって事業は一時中断されるが戦後、軍艦に搭載されていたラムネ充填機の買い付けに成功。ラムネ製造が再開された。昭和22年のことである。

サイダーの製造開始は昭和10年頃から。当初は瓶に紙ラベルを貼ったものだった。

「スワンサイダー」が最も売れた

写真上：友桝飲料の旧王冠。羽の短い、初期のスワンマークが描かれている。

写真右：牛津にある友桝飲料の本社。正面には漆喰で作られた「ラムネ製造所」という看板がある。2012年まで工場もここにあった。

のは昭和40年代。故・二代目軍平氏によると、「年間約300万本を売り上げたこともあった」という。

しかし、時代が進むにつれ、大手メーカーの飲料が人気となり、販売数は減少。瓶入りの「スワンサイダー」は近隣のお得意先のみに宅配するだけとなっていた。

「甘味料も砂糖を使ったほうが味にキレが出ておいしくなるのもわかってはいるが、手間を考えると液糖でなければ、難しい」と話してくれた。2002年のことだ。

●株式会社友桝飲料
〒845-0003
佐賀県小城市小城町岩蔵 2575-3
TEL0952-72-5588（代）／F AX 0952-72-5598
ホームページ　http://www.tomomasu.co.jp/

●佐賀県小城市　スワンサイダー

「復刻版スワンサイダー」。2005年に登場。砂糖を使用したプレミアムサイダー。デザインに初期のスワンマークを使用した。

「復刻版スワンサイダー」が登場したのは平成17年になってのこと。平成15年に発売した「こどもびいる」が、そのユニークさから全国的な大ヒットとなった。その勢いに乗り、味もデザインもさらにこだわった商品が生まれた。甘味料は砂糖を使用。ロゴも昔のものを参考にした。メディアの注目度も高かった。まさに「全国区」の地サイダーが誕生したのだ。

　2012年1月、小城市の小城町に新工場を竣工。さらに、2015年4月には第2小城工場が操業開始。同年6月には木曽開田工場（長野県）運営開始と、その勢いは増すばかり。今や九州各地や近県のみならず、日本全国のサイダー委託製造を請け負っている。地サイダーのパイオニアメーカーと呼ぶにふさわしい存在である。

写真右：小城町に出来た友桝飲料の工場。個人の場合、営業時間内なら、いつでも無料で工場見学ができる。試飲コーナーと自社製品やグッズ販売所がある。

写真上：友桝飲料の現社長、友田諭氏と先代会長の故・友田軍平氏。2002年撮影。愉氏は軍平氏の孫にあたる。

写真左：空前の大ヒットとなった「こどもびいる」。各社から追随商品が発売され、ひとつのジャンルとなった。

佐賀県唐津市
キンセンサイダー

今は使用していない、残してあった昔のサイダーラベルを貼って、当時の雰囲気を再現。

佐賀県唐津市は唐津焼などで有名な土地。その唐津に60年以上愛されているサイダーがある。「金扇サイダー」だ。

製造しているのは小松飲料株式会社。唐津駅から車で15分ほどのところに位置する、60年以上続く飲料メーカーである。サイダーやソフトドリンク、アイスクリームをメインに、あんこや餅なども作っている会社だ。

小松飲料の創業者は小松重恭氏。当初は佐賀市で作られていた「金的サイダー」を仕入れて販売していたが昭和27年、サイダーとラム

写真上：トレードマーク金の扇が入っている。

写真右：小松飲料の建物入口。2002 年撮影なので、まだ「合資会社」となっているが、2008 年に株式会社となった。

ネの製造販売業として独立。「金的サイダー」の筋を継いでいるという意味も込めて、「金」の文字を冠した「金扇サイダー」「金扇ラムネ」という名の商品が誕生した。

二代目代表の小松重昭氏によると「日本で最初に工業化されて大々的に作られたサイダーが『金線サイダー』。『きんせんさいだー』と読みは一緒」とのこと。少し意識したのだろうか。

●小松飲料株式会社
〒847-0875
佐賀県唐津市西唐津 1-6139
TEL 0955-72-5118（代）／ FAX 0955-73-7399
ホームページ　http://www.komatsu-inryo.com/

●佐賀県唐津市　キンセンサイダー

現在も地元、唐津周辺の小売店で販売されているリターナブル瓶バージョン。全体を覆うような樹脂ラベルは、瓶の強度を高める効果もあるらしい。

回収した瓶を洗浄する洗瓶器。小窓から中の様子がのぞけるようになっている。

サイダーのレシピは創業以来、変えていないという。同じく創業時から作っているラムネも変わっていない。ちなみにサイダーとラムネの中身は一緒らしい。

おりからの地サイダーブームで、様々な材料を使ったサイダーの製造依頼が舞い込んでいるとか。たとえば、キャベツやレタスなど……。地域活性化につながれば、という思いで試行錯誤しているようだ。

主に流通しているサイダーの容器は、スクリューキャップのワン

写真右:倉庫の片隅にあった「三ツ矢サイダー」の木箱。

写真左：現在の「キンセンサイダー」。ワンウェイ瓶のものは、以前、少しずんぐりとしたフォルムだったが、スリムな印象のデザインに。ラベルも新しくなっている。

ウェイ瓶。だが、唐津市内の飲食店向けのものは、リターナブル瓶を使用。サイダーは古い「三ツ矢サイダー」などの瓶、ラムネは今やプラスチック製の飲み口が主流の中、手間を惜しまずに昔ながらのオールガラス瓶で作る。回収の関係もあって、唐津周辺でのみ販売している。

2010年、唐津には早稲田大学系列の中高一貫校、「早稲田佐賀中学校・高等学校」が誕生した。そこに通う生徒達にも地元の味として親しまれていくのだろう。

青森県八戸市
三島シトロン

「三島シトロン」。八戸のふるさとの味である。

ＪＲ八戸線で八戸から約20分のところにある白銀。ここに八戸の地サイダー「三島シトロン」の工場がある。製造しているのは八戸製氷冷蔵だ。

八戸製氷冷蔵の創業は１９２１年。１７５２年創業の八戸の老舗酒蔵「河内屋」六代目である橋本八右衛門が１９１０年に電力会社の八戸水力電気を設立後、八戸港に揚がった魚を冷やすための氷や冷蔵を主とする会社として設立した。清涼飲料の事業は、明治時代より清涼飲料水の製造を行っていた「三島商会」から１９２２年に

●八戸製氷冷蔵株式会社

〒031-0821

青森県八戸市白銀 1-8-1

TEL 0178-33-0411（代）／ FAX 0178-33-0412

ホームページ　http://www.8-seihyo.co.jp/

写真上：サイダーの王冠。海にほど近いからか、カモメがトレードマーク。

写真右：八戸製氷冷蔵の建物。白銀地区で最初に出来た会社で、地元では「会社」と呼ばれていたという。

営業権を譲り受けてスタート。青森、八戸の銘水と称される「三島の湧水」を使ってラムネやサイダーの生産を開始した。

「三島シトロン」は創業当初より造られているサイダーで、姉妹品として「みしまバナナサイダー」が1950年代半ばから登場。いずれも八戸では地元の味として、スーパーなどで売られている。

サイダーに使われている三島の湧水は「石灰質の地層から湧き出ているので、日本の水の中では硬度が高いほうだろう」とは工場長の橋本さん。硬度が高い水は炭酸との相性がよいという話を聞いたことがある。それがおいしさの秘密なのかもしれない。

●青森県八戸市　三島シトロン

みしまバナナサイダー

以前作っていたサイダー「ノーブルサイダー」のラベル（「五十嵐新一サイダーラベルコレクション」より）。

2005年ごろは年間生産量が「三島シトロン」「みしまバナナサイダー」を合わせて約16～17万本。それらのほとんどは八戸市内で消費されていたという。地元中心だったので、瓶もリターナブル瓶を使用していたが、近年は地サイダーブームの影響で回収が困難な遠隔地からも注文が入るようになったため、ワンウェイ瓶も採用。生産量はかなり増えたと聞く。

東日本大震災で八戸は大きな被害を受けた。だがその後、橋本工場長に電話で話を聞いたところ、

八戸製氷冷蔵の工場は津波で周囲が被害を受け、一時的には孤立状態に陥ったものの、建物は奇跡的にほぼ無傷、関係者も無事だった。「申し訳ないくらい大丈夫でした」と言う。

かつて電力や製氷の供給は漁港を中心として栄えてきた八戸に、大きな恩恵をもたらした。「三島シトロン」は、まさに八戸の繁栄を象徴する飲み物なのかもしれない。

写真上：取締役工場長の橋本氏。

写真右：製氷工場の様子。適当な大きさに切り出して出荷するらしい。

千葉県成田市
北総サイダー

リターナブル瓶入りの「北総サイダー」。
サイダー好きなら是非、成田を訪れて、
この瓶で飲んでほしい。

参拝者の多い寺社として有名な成田山新勝寺。信水舎はその近くに社屋を構える。

株式会社としての設立は昭和24年だが、創業は大正10年6月。初代社長の飯塚四郎氏により、清涼飲料水の製造販売会社「信水舎」としてスタート。ラムネの製造販売を行った。それから2年後の大正12年に、最新鋭のサイダー製造機を米国から購入。ここから「北総サイダー」の歴史は始まる。

「北総サイダー」のラベルは、発売当時に女学院に通っていた初代社長の長女・喜美江さんのデザインによるもの。まだ見慣れない英語を取り入れた斬新なデザインとして注目されたという。現在もそのままのデザインが使われている。

　ラベルにレモンが描かれているとおり、サイダーはレモン風味。だが、そのわりに、ふわりとしたやわらかい味わいがするのだ。

　そこで、レモン以外の香料も使用しているのかとたずねたところ、趣の違う二種類のレモン香料を調合して使用しているとのこと。それで、独特の風味が醸し出されるというわけである。

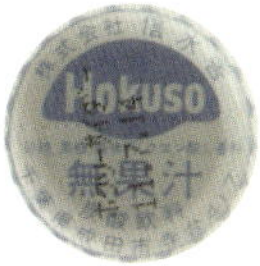

写真上：北総サイダーの王冠。

写真右：成田山にほど近い場所にある、信水舎の社屋。
JR成田駅から徒歩で20分ほどのところにある。

●株式会社信水舎
〒286-0022
千葉県成田市寺台417
TEL 0476-22-2331（サイダーの通販はしていません）

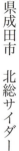

●千葉県成田市　北総サイダー

ワンウェイ瓶の「北総サイダー」。
おみやげ店などで購入できる。

「北総ラムネ」の名前が入ったプラ箱。

製造に使用する水は水道水を浄化しただけだが、昔からこの辺りの水はおいしいという。水道局に問い合わせてみたところ、信水舎が位置する寺台地区の水道水は、「市内の深井戸水を塩素殺菌しただけのもの」であるという。水道水自体のおいしさが、サイダーのおいしさにもひと役買っているのだろう。

「北総サイダー」は千葉県内の駄菓子屋や飲食店などを中心にリターナブル瓶で流通している。かつて、成田山の参道にある飲食店

写真上：ワンウェイ瓶を箱詰めしているところ。これで販路は全国に広がった。

写真右：工場内の様子。真ん中の機械は、出来上がったサイダーに異物が入っていないかを、一本一本目視でチェックするためのものだ。

には、北総サイダーと三ツ矢サイダーが置かれていた。空き瓶を確保するため、両者の担当者は朝早くから先を競って空き瓶の回収にまわったという。

近年は遠方からの注文や、お土産に持ち帰りたいという要望が多くなったため、ワンウェイ瓶での製造・販売も開始。そのおいしさを楽しめるチャンスが増えたことはうれしいことだ。

広島県尾道市
マルゴサイダー

「マルゴサイダー」。昔ながらのリターナブル瓶を使用。

三ツ矢サイダーの瓶に手張りの紙ラベル。今も昔の佇まいのまま、その味を伝えてくれるのが「マルゴサイダー」である。

製造しているのは広島県尾道市の向島にある「後藤鉱泉所（後藤飲料水工業所）」。最寄り駅はＪＲ山陽本線尾道駅。そこから渡し船か、しまなみ海道で向島に渡る。

尾道から向島への渡し船は3航路あり、後藤鉱泉所へ行くには、駅から一番遠い、10分ほど歩いたところの「尾道渡船」で渡る。船賃は片道１００円。フェリーに乗っている時間は10分もないが、船に

後藤飲料水工業所の外観。

乗ってサイダーを飲みに行くのは、かなり心躍る。

向島で船を降りてから鉱泉所までは徒歩10分弱。途中、昭和な風情を残す商店が点在する。

「住田製パン所」は、大正5年創業。100年という歴史を持つ。もともと和菓子店だったので、あんこが自慢で、珍しい「まるカステラ」というものもある。

●後藤飲料水工業所
〒722-0073
広島県尾道市 向島町兼吉 755-2
TEL 0848-44-1768（地方発送は対応していません）

●広島県尾道市　マルゴサイダー

現在はサイダーのほかにラムネ、コーヒー、ミルクセーキ、クリームソーダ、オレンジを作っている。すべてリターナブル瓶を使用。持ち帰ることは出来ない。ラムネはオールガラス瓶だ。

ひとつ目の信号を渡り、道なりに進むと、ほどなくして目的地の後藤鉱泉所が現れる。創業は昭和5年。当初はみかん水やアップル、ラムネなどを製造。サイダーも古くから作っているが、いつからかはっきりした記録はないらしい。

「マルゴサイダー」のマルゴとは数字の5に丸印。後藤のごが5となったのだろう。昔から屋号として使われていたそうだ。

一番売れた時期は50年ほど前。ひと夏終えると、どこの飲料屋も家や工場が一軒増えたらしい。現在の社長は三代目。だが、ご子息はすでに違う仕事をしており、家業を継ぐことはないという。

近年はしまなみ海道をサイクリングする人たちが鉱泉所に立ち寄ることも増えたとか。サイダーもラムネも他の飲料も、すべてリターナブル瓶を使用。持ち帰りは出来ないが、何本も飲んでいく人もいるらしい。

木造ながら高い天井には、季節になると毎年やってくるというつばめの巣がいくつもあった。初めて来ても懐かしい、何度でも飲みに行きたくなる場所である。

写真上：後藤飲料水工業所のお母さん。しまなみ海道が出来て、全国からいろんな人がサイダーやラムネを飲みに来てくれるようになったので、楽しいと話されていた。

写真右：工場の内部。明るいと思ったら、天井が高い上に数カ所に天窓がついていて、光が入ってくる構造だった。

熊本県八代市
日ノ本サイダー

「日ノ本サイダー」。日奈久温泉のばんぺい湯や有形文化財に登録されている旅館「金波楼」で飲める。

日奈久温泉は、開湯６００年以上の歴史を誇る温泉地だ。熊本県八代市にある。１４０９年に浜田六郎左衛門が父の刀傷を癒やそうと祈ったところ、神のお告げを受けて温泉を発見したという伝説が残る。

ＪＲ八代駅から、肥薩おれんじ鉄道に乗り換えて日奈久温泉駅で下車。駅からゆっくり歩いて10分ほどで温泉街の中心地にある「日奈久温泉センターばんぺい湯」に着く。目的は日奈久温泉の名物、「日ノ本サイダー」だ。サイダーの価格は１００円。リターナブルのサイダー瓶に紙のラベル。まさに地サイダーの中の地サイダー。炭酸は強めだが、後味がふわっと消える独特な飲み心地だ。

「日ノ本サイダー」は、温泉街からほど近い場所にある福島飲料水工業所が製造。米穀店の次男として生まれた福島正人氏が大正時代の1919年に創業。「ラムネ屋は夏の商売だから、秋冬は気ままに過ごせる」という話を、温泉で長逗留していた恰幅の良い紳士から聞いて、ラムネ屋になることを決意したとか。

写真上：「日ノ本サイダー」の王冠。

写真右：福島飲料の最寄り駅は、日薩おれんじ鉄道の「日奈久温泉駅」。

●合資会社福島飲料水工業所
〒869-5141
熊本県八代市日奈久塩南町24
TEL 0965-38-0049
工場ではサイダーのみケース単位で販売（瓶は要返却）。

熊本県八代市　日ノ本サイダー

写真右:温泉街には、日奈久を絶賛した俳人、種田山頭火による句があちこちに飾られている。山頭火が日奈久に泊まったのは1930年9月。飲んだのは「日ノ本サイダー」の前身「温泉シャンペンサイダー」だろう。

写真左 :「日ノ本サイダー」のプラ箱。

ラムネの名前は「温泉印ラムネ」。１９２４年には第13回熊本県清涼飲料水品評会で二等賞、翌々年には一等賞を受賞。サイダーの製造を始めたのは１９２７年。「温泉シャンペンサイダー」という名前だった。同年、第一回八代税務署管内清涼飲料水品評会にて「優等賞金牌」を受賞している。

「温泉シャンペンサイダー」から「日ノ本サイダー」となったのは、飲料組合が出来たころとか。全国清涼飲料協同組合連合会が誕生したのが１９５５年だから、その辺りだろうか。

現在の社長は三代目、福島正文氏。九州学院の元・甲子園球児で、明治大学野球部に所属、卒業後はノンプロへ。二代目である父親の正治さんは、「黙ってやらせてくれた」と言う。それでも、野球生活は４年でピリオドを打ち、家業の飲料会社に入社した。

ラムネ・サイダーが最も売れた

三代目、福島正文氏。九州学院高校の甲子園球児で、明治大学野球部では星野仙一氏と同期だった。

サイダーの製造ライン。工場はかなり広い。

のは、１９７６年からの10年くらい。販売エリアは鹿児島から人吉までだったとか。「仕事で昼も食べられないほどだった」と正文氏の奥様は回顧する。現在はこんにゃく製造も手がけている。「こんにゃくがなかったら、会社を続けるのは無理だった」という。

後継者について尋ねたところ、お子さんは３人いるが、それぞれ堅実な職業に就いているため、可能性はないという。

「この商売は先がない」と福島氏は口にした。

「でも、もし、サイダーを作りたい、継ぎたいという人が来たらどうしますか？」

福島氏は少し複雑な表情になった。三代続いた日奈久の味。きっと本心は残したいんじゃないのか。そう思いながら、出していただいたラムネをぐいっと飲んだ。

明治、大正、昭和と、生まれた時代はそれぞれだが、
どれもこれも、今飲めることに心から感謝したい。
そして、これからも飲み続けられるようにと、
心から願っている。

北海道
銀星シトロン

「銀星シトロン」は現在もペットボトルで販売されているが、これは昔のプリント瓶。／株式会社小原

北海道
アサヒマスカットサイダー

北海道天塩町の地サイダー。1974年5月に誕生。創業者がマスカット好きだったことからマスカット味に。大手飲料メーカーアサヒ飲料より、こちらのほうが古い。／アサヒ飲料株式会社

愛知県 五万石サイダー

昭和 43 年から販売されている地サイダー。ラベルの城のモチーフは岡崎城。製造はオリオンサイダーが請け負っている。／株式会社大岡屋

岩手県 マスカットサイダー

陸前高田にある葡萄の栽培や葡萄飲料を主とするメーカー。マスカットサイダーは昭和 45 年から製造。東日本大震災の災害に見舞われたがすぐに復活。／有限会社神田葡萄園

岩手県 光泉サイダー

久慈市の佐幸本店は昭和 12 年創業。清涼飲料の販売は昭和 25 年から。現在の主力商品は「山のきぶどう」という、山葡萄のジュースだが、光泉サイダーは創業当時から製造／株式会社佐幸本店

大阪府
三扇サイダー

創業は昭和22年の老舗メーカー。昭和30年代の味を今に伝える。かつては、昔ながらのサイダー瓶に紙ラベルだった。／寿屋清涼食品株式会社

兵庫県
シャンペンサイダー

神戸市長田区で作られている。かつては「三吉シャンペンサイダー」という名前だったらしい。今も地元のお好み焼き屋さんや飲食店で飲める。／兵庫鉱泉所

福井県
さわやか

昭和50年代に作られ、今も福井県で愛されている地サイダー。発売当時、あまり使われていないメロン味のサイダーにしようと作られたらしい。／北陸ローヤルボトリング協業組合

熊本県 三菱サイダー

三菱サイダーのマークは大正8年に商標登録したもので、車や銀行の三菱グループとは無関係。現在はゼロカロリーのものなどもある。／株式会社弘乳舎

福岡県 サニーサイダー

工場は、昔から質のよい水で有名な甘木地区にある。創業は1907年、ラムネ製造からスタート。「サニーサイダー」は1940年代後半に登場した。／矢野飲料工業所

福岡県 菊水サイダー

お茶どころ八女市で製造されている。江崎食品はもともと味噌の製造を行なっており、夏場の商品としてサイダーを手がけた。／江崎食品有限会社

Column

サイダーとラムネの違いは？

サイダーとラムネ。その違いは容器にある。ラムネ瓶に入っていればラムネで、そうでなければサイダーだ。

気になるのはその中身。同じメーカーでラムネとサイダーを作っている場合、はたして中身は同じなのか、そうでないのか？

そこで、いくつかのメーカーに聞いてみた。その結果は、同じ所もあれば違うところもあった。

また、容量はラムネが１４０cc〜２００cc。サイダーは容器によって様々だが、昔ながらのリターナブル瓶は３４０mlだ。

ラムネは基本的にひとりでラッパ飲み、サイダーはコップに入れて分けあって飲むものだと話してくれた人もいる。

第３章

復刻された地サイダー

一度はその歴史にピリオドを打ったが、
時を経て再びその姿を現した地サイダーがある。
そんな幸福な地サイダーたちの姿を紹介する。

兵庫県神戸市北区有馬町

ありまサイダー

「有馬サイダーてっぽう水」。ラベルの大砲は、かつてあった「有馬てっぽう炭酸水」のラベルに描かれていたものを復刻。

有馬温泉の起源は神代にまでさかのぼる。有馬湯泉神社の縁起によれば、泉源を最初に発見したのは、神代の昔、大巳貴命（おおなむちのみこと）と少彦名命（すくなひこなのみこと）の二柱の神。

この二神が有馬を訪れた時、三羽の傷ついたカラスが水たまりで水浴をしていたが、数日後にはその傷が治っていたという。その水たまりが温泉であったと伝えられている。

有馬温泉の存在が知られるようになったのは600年位から。日本書紀の「舒明記」には、631

年の9月19日から12月13日までの86日間、舒明天皇が摂津の国有馬（原文は有間）温湯宮に立ち寄り入浴を楽しんだという記述があるそうだ。

有馬温泉には、金泉と呼ばれる鉄分やナトリウムを含んだ高温の温泉の他に、銀泉と呼ばれる二酸化炭素冷鉱泉、天然の炭酸水が湧出している。

有馬温泉の温泉街

●有馬八助商店
〒651-1401
兵庫県神戸市北区有馬町1305-2　有馬片山幹雄商店
TEL 078-903-0031

●兵庫県神戸市北区有馬町　ありまサイダー

有馬温泉には泉質の違う多種多様の源泉がある。これは炭酸泉の源泉。

「有馬サイダー」は明治34年設立の有馬鑛泉合資会社が明治41年に製造開始。瓶詰工場は炭酸泉の傍らにあり、温泉水を原料としていた。

だが、有馬鑛泉合資会社は二度の買収により、大正15年に川西市の平野へ移転、その後に歴史の幕を閉じた。「有馬シャンペンサイダー」も大正15年に終売となったようだ。

一度は歴史の彼方へと消えた「有馬シャンペンサイダー」が「有馬サイダーてっぽう水」として復活したのは2002年秋のこと。有馬の温泉宿や商店の主人たちが合資会社「有馬八助商店」を設立し、新しい有馬の土産物として企画したものだ。

昔ながらの三ツ矢サイダー瓶に

写真上：有馬温泉の守護神、「湯泉神社」。子宝の神社としても親しまれている。

写真右：日帰り入浴できる「銀の湯」。「銀泉」に入れる。

レトロ調のラベルは、昭和レトロブームとも呼応して、各種メディアに登場。瞬く間に有名になった。まだ地サイダーがブームとなる前のことである。

その復活のストーリーは、静かに消えつつあった日本中のサイダーメーカーにとって、「一筋の光明」となったに間違いない。

炭酸はキツめで、口に含んで耳を澄ますとジュワジュワと音がする。飲み終わったらゲップが出る。

有馬の良質な温泉でひとっ風呂浴びた後、その懐かしい味わいを楽しんでほしい。

写真提供／有馬温泉観光協会

秋田県美郷町
仁手古サイダー

現在の「仁手古サイダー」。瓶の形が変わり、スクリューキャップになった。

六郷町（現在は美郷町）を訪れたのは２００２年の10月。友だちの運転で地サイダーを求めて約１週間、東北を旅した時だ。

秋田に関しては、これといって地サイダーの情報は持っていなかった。道の駅や飲食店の方に話を聞いて、「六郷になんかサイダーがあったような……」という曖昧な情報を頼りに、とにかく車を走らせた。

六郷町（当時）は環境庁から「全国名水百選」に、国土庁から「水の郷」に選ばれた湧水の町で、町内には60を越える湧水がある。そ

写真上：「仁手古サイダー」。当初は王冠を使用していた。

写真右：ニテコ湧水。明治十四年、山形・秋田・北海道を天皇が巡幸した際に使用した水との解説がある。

の中でも特に有名なのが、ニテコ清水だった。

ニテコ清水のあるその一角は、明らかに別世界だった。水色の柵で囲まれた「ニテコ清水」を中心に、古い建物と神社、新しいレストランがぐるりと建ち並んでいた。ニテコ清水とつながっている水路は、古い建物の中につながっていた。どうやら、その建物の中でサイダーは作られていたらしい。

そこで作られていたのが「ニテ

●六郷まちづくり株式会社
〒019-1404
秋田県仙北郡美郷町六郷字馬町83
名水市場・湧太郎内
TEL 0187-84-0020　FAX 0187-84-0030
ホームページ　http://rokugo.net/

●秋田県仙北郡美郷町　仁手古サイダー

「りんごサイダー」。果汁 20%
使用のフルーティーな味わい。

2003 年から発売されていた
王冠タイプの旧瓶。

コシトロン」。明治35年創業の仁手古清涼飲料が製造していたサイダーである。話をうかがおうと思ったが、あいにく代表者は出かけていた。応対に出ていただいた奥様らしき人から、いろんな会社のプリント瓶にラベルを貼った「ニテコシトロン」と「ニテコグレープサイダー」を売っていただいた。

　それから、敷地に建っていたレストラン「名水庵」で食事。そこで出された水は、びっくりするほどおいしかった。もちろん「ニテコシトロン」もいただいた。水のおいしさがしっかり出た、やさし

写真右：2002 年に訪れた時に撮影した、サイダー工場の一部。中にはサイダーの箱が積み重ねられていた。

写真左：２００４年春まで造られていた「ニテコシトロン」。現在は手に入らない。

い味のサイダーだった。

２００３年6月からは「仁手古サイダー」としてリニューアル。以来、六郷まちづくり株式会社として製造、販売している。パッケージは変わったが、そのさわやかな味わいは当時のままだ。

今や「仁手古サイダー」は、高級スーパーやデパートに並び、東京でも簡単に手に入れることが出来るようになった。それはとても喜ばしいことだ。

ただ、もしチャンスがあれば、六郷を訪れて、湧水の地で飲んでほしい。過去と現代がつながったような、不思議な空間で飲む「仁手古サイダー」は、格別なものとなるはずだ。

東京都墨田区 トーキョーサイダー

「トーキョーサイダー」。墨田区限定で販売。

「トーキョーサイダー」が生まれたのは、１９４７年のこと。まだ第二次世界大戦後の混乱が続く間もない時期に東京都墨田区立花で誕生した。製造したのは丸源飲料工業株式会社である。丸源飲料工業のルーツは１９１６年、本所区柳島元町に創られた柳水舎だ。柳水舎は阿部源之亟により創業され、ラムネの仲買販売を業とした。その翌年、１９１７年には柳水舎飲料所を設立し、ラムネの製造販売を開始する。

だが、１９２３年の関東大震災で被災。それを機に丸源飲料阿部

写真上：王冠には「トーキョーブランド」と書かれている。

写真右：ラベルにある建物は、回向院境内内に 1909 年に竣工した旧両国国技館。火災や関東大震災、第二次世界大戦で被害を受けながらも耐えぬいたので当時の東京復興を象徴するアイコンとして発売時に採用。

●丸源飲料工業株式会社 トーキョーサイダー事業部
〒131-0043
東京都墨田区立花 4-1-5 アネックス 3F
TEL 03-3617-0127　FAX 03-5631-3150
ホームページ http://www.marugen.com

商店として再建。１９２７年には東葛飾郡小村井に工場を新設。現在、本社がある場所だ。空襲で廃墟と化したが、１９４７年には丸源飲料工業株式会社として新しいスタートを切った。

「トーキョーサイダー」発売後、１９５１年に「トーキョーオレンジエード」を発売。ほかにコーラ飲料「モナコーラ」や焼酎割り用炭酸などを製造。１９６０年代後半からは、「ハーダーズソフトシャーベットベース」「ミルクセーキベース」など業務用アイテムも増え始めた。１９７０年代には、多品種少量生産型の新工場を栃木県宇都宮に新設。無菌充填ラインやアルミカートンラインを稼働するなど、設備の拡充が行われた。果汁の輸入なども本格化し、それらは現在の主力事業になっている。

その一方で、「トーキョーサイダー」は時代の趨勢には逆らえず、１９８９年に終売。発売から42年の歴史を一度は閉じた。

●東京都墨田区　トーキョーサイダー

しかし、戦後の丸源飲料工業にとって「トーキョーサイダー」は、やはり記念碑的な存在であることには変りなかった。創立80周年の1996年と創立90周年の2006年に関係者への記念品としてミニボトルで復刻。「いつか商品として再び世に出したい」という思いはあったようだ。

その契機となったのが、本社の近くに計画された東京スカイツリー®の建設。そして、2012年開業目前の2011年6月20日に復活したのである。

作ったのは2バージョン。発売

©TOKYO-SKYTREE

「トーキョーサイダー　スカイツリーバージョン」。ボトルのセンターに東京スカイツリー®が描かれている。基本的には墨田区限定で販売。スリムでかっこいい。

写真右：昭和31年、銀座三越で開催された清涼飲料大会での出展風景。

写真左：戦後にたてなおした本社工場

当時のラベルを使用し、昔ながらのサイダーびんに王冠スタイルの「オリジナルバージョン」と、東京スカイツリー®をイメージした、スリムなスクリューキャップ、樹脂フィルムに東京スカイツリー®のイラストが描かれた「スカイツリーバージョン」である。

中身はいずれも砂糖を使った懐かしい甘さのサイダー。販売は墨田区内に限定。宅配やネットでの通販はせず、墨田区に行かなければ飲めない新たな地サイダーである。

「トーキョーサイダーは大切なブランド資産。復刻によって新たな使命の中で社会貢献できることはとても嬉しい」とは、丸源飲料工業の阿部浩明専務。

22年のブランクはあったが、販売当時のテイストを生かした復活商品。時を超えて、再び愛されていくであろう。

東京都中野区
ラムネ屋さんのサイダー

「ラムネ屋さんのサイダー」というユニークなネーミング。ガラス瓶で、ラベルは樹脂素材。340ml入り。

地サイダーというと、つい地方をイメージしがちだが、「ラムネ屋さんのサイダー」は東京の23区内にある老舗飲料メーカー、東京飲料が製造している。西武新宿線新井薬師駅から徒歩で約7、8分の住宅街の一角にある。

創業１９２９年、今年で90年近い歴史を持つ。当初からラムネとサイダーを製造。以前製造していたサイダーは「矢星サイダー」という名前だった。昭和50年代をピークに売れ行きが減少したため、サイダーの製造は中止してしまった。

現在は、ラムネ・サイダー以外

写真上：キャップはスクリューキャップ。ローマ字で「東京飲料」と入っている。

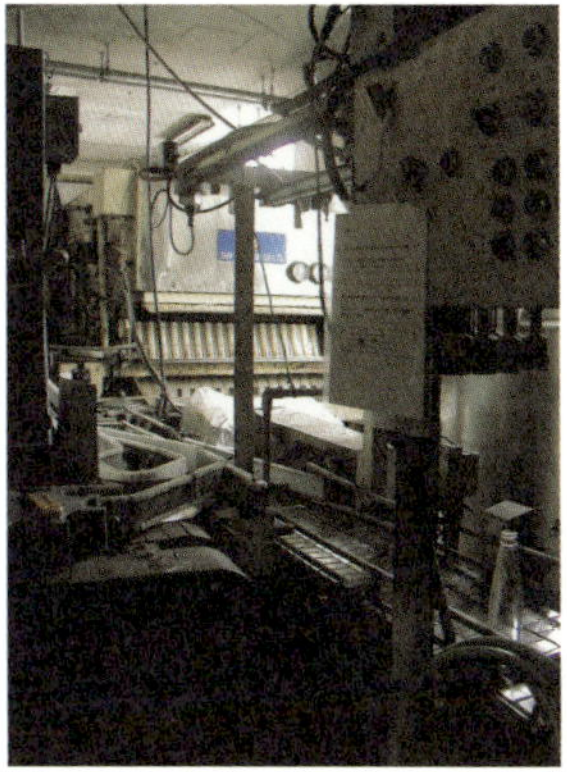

写真左：工場の内部。コンパクトな敷地にもかかわらず、非常に工夫して様々な機械が置かれている。

にも焼酎などの「割り材」であるサワー類も作っている。

　敷地がそれほど広いわけではないので、注文に応じて少量生産。1日に何種類もの製品を作ることも多いようだ。

　「ラムネ屋さんのサイダー」が発売されたのは、約10年くらい前のこと。調合レシピが残っていなかったため、現会長や古くからの社員が何度も味見をして再現したという。ユニークなネーミングもみんなで相談して決めたそうだ。

●東京飲料株式会社
〒165-0026
東京都中野区新井 4-8-7
TEL 03-3386-4819　FAX 03-3386-6633
ホームページ　http://www.tokyo-inryou.com/

●東京都中野区　ラムネ屋さんのサイダー

写真右：練馬区限定販売の「ねり丸サイダー」。東京飲料が受託製造した商品。

写真左：新井薬師の近くの商店街、アイロードにあるたこ焼き店「たこ◯本店」にて飲める（2015年11月現在）。メニューには「中野サイダー」と書かれていた。

ラベルには小さくだが東京飲料のトレードマークである「矢星」が入っている。ほどよい甘さだが炭酸はかなり強い。原材料には「塩」。「塩サイダー」とうたっているサイダー以外にはあまり見受けられない文字である。これは、あんこを作るときなど、甘さをより引き立たせるためにほんのわずか塩を入れることがあるが、それと同様の効果を狙ったもの。かつての「矢星サイダー」にも入っていたらしい。

現社長、寺田龍氏は六代目。一度は料理人を目指し、調理師の専

写真右：工場にお邪魔した日はラムネの生産をしていた。出来上がったラムネを一本一本異物が混入していないか目視で確認している。

写真左：六代目社長の寺田龍氏。小ロット多品種生産が東京飲料の強みである。

門学校を卒業。その後、レストランで働いたが、おりしもバブル崩壊後で、目に見えて来客者が減少していくことに危機感を感じて、大学に入学。その後、技術系のサラリーマンとして働いていたが、五代目の父親から戻るように言われて退職。２０１４年に六代目代表に就任した。

「味のセンスはピカイチだね」とは父親で先代社長でもある現会長の評価。小回りの聞く小ロット生産で、町単位の地サイダー製造も引き受けている。

「ラムネ屋さんの地サイダー」は、基本的に中野区限定販売だが、一部のネットショップでも購入出来る。また中野区内の一部コンビニなどで販売している。

工場での直販はしていないが、是非、中野に行って飲んでほしい。

日本にサイダーが誕生して100年以上になるが、
その間に生まれては消えていったサイダーは数知れず。
しかし、地サイダーブームが復活の機会と
なっているなら喜ばしい。

宮城県
金華サイダー

昭和30年代まで石巻にあった「金華山サイダー」を、2005年、金華山醸造の新オーナーが復刻した。東日本大震災で被災したが、復活。ほかにシークワーサー味もある。／有限会社　金華山醸造

富山県
ラボンサイダー

「ラボン」とは、創業者・翠田辰次郎氏の空想上の常夏の島に実る果実で、えもいわれぬ味がするらしい。「ラボンサイダー」は1930年に発売されたが、1970年に終売。2011年に当時のレシピを元にしつつ復刻された。／株式会社 トンボ飲料

長崎県 バンザイサイダー

1904 年に長崎で作ったサイダーに「BANZAI サイダー」というものがあり、それを 2006 年に復刻したもの。／株式会社長崎県酒販

三重県 エスサイダー

「エスサイダー」は、伊勢河崎で江戸時代から酒問屋をしていた小川商店が 1909 年に製造を始めたサイダー。2008 年 11 月にかつての味を再現して復刻された。／伊勢角屋麦酒

愛知県 美人サイダー

昭和 30 年代に知多岡田で売られていた「美人サイダー」を復刻したもの。とても気になる名前のサイダーである。／竹新製菓株式会社

Column

地サイダーとリターナブル瓶

地サイダーの取材を始めた当初は、まだ知らないことばかり。そのため、取材申し込みの電話をしたときに、サイダーの購入を希望すると「サイダー瓶を持ってきて」と言われて、意味がわからなかった。

多くの地サイダーメーカーは1970年代頃までに製造されたリターナブル瓶を利用して製品を作っている。これは、使用している機械がそれらのサイダー瓶に合わせて作られているからだ。もちろん、調整することでほかの瓶を使用できるようになるのかもしれないが、その調整も難しい。そのため、どうしても同じ形の瓶が必要となる。瓶がなければ製品は作れない。瓶が戻って来ないということは、そのまま死活問題となる。取材を重ね、いろいろな話を聞いた今だからこそわかる話だ。

近年は新しくリターナブル瓶が製造されているが、新しい瓶を買うだけの利益が見込めない場合もあり、そう簡単な話ではないらしい。

サイダー瓶だけではなく、ラムネ瓶も同様。特に、飲みくちまでガラスのラムネ瓶は、すでに製造されていないため、より一層貴重である。リターナブル瓶のサイダーやラムネ瓶は、必ず返却をしてほしい。

第4章

地サイダー百花繚乱

中小メーカーの作るサイダーは、町おこしや農産物活用と結びつき、
飛躍的にその種類を増やしている。
ここでは、数ある新しい地サイダーから、テーマごとに紹介する。

地名を冠したサイダー

都道府県から町の名前まで。地名が冠されたサイダーは実に多い。縁のある県や町のものがあったら、まずは飲んでみてはいかが？思い出がよみがえるかもしれない。

北海道 サッポロサイダー

もう、20 年以上前に、友人が北海道のおみやげとして買ってきてくれたもの。少なくとも 10 年くらい前に問い合わせた際には製造されていなかった。／日本製酒

東京都 十万馬力新宿サイダー

リターナブル瓶を返却すると、地域通貨のアトム通貨がもらえるという試みをおこなった際に誕生。ただ、アトムの瓶が魅力的すぎて、返却率は非常に悪かったらしい。／新宿区商店街連合会

神奈川県 鎌倉サイダー

観光地である鎌倉のおみやげとして登場。鎌倉のご当地キャラであめカマワンとギンニャンがラベルに使用されている。現在は終売。「江ノ島・鎌倉サイダー」となっている。／鎌倉ビール醸造株式会社式会社

熊本県 クマモトサイダー

2007年、九州産交の65周年記念に発売された限定。熊本の名水、白川水源の水を主原料に使っていた。現在は終売。／九州産交ランドマーク株式会社

大阪府 大阪サイダー

レモンライムの香りとシャンペンの風味が特徴。ワンウェイ瓶で復刻した。／大川食品工業株式会社

愛知県 名古屋サイダー

名古屋市が2010年建都400年を迎えるにあたり開発された商品。／中京サインボトリング協業組合

神奈川県 横浜サイダー プレミアムクリア

サイダー発祥の地とされている横浜に生まれた地サイダー。高級フレーバーを使用し、カロリーオフで仕上げた。／川崎飲料株式会社

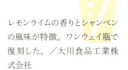

名所にちなんだサイダー

日本全国にある名所や旧跡など、観光地にはサイダーがよく似合う。その場で飲んで思い出にしたり、親しいあの人へのおみやげにしたりして、楽しんでみてほしい。

静岡県 富士山サイダー

名水「富士山萬年水」をベースに、富士山をイメージして作ったサイダー。富士山デザインのオリジナルびんを使用。／木村飲料株式会社

長野県 ハサイダー

「破砕帯」と「サイダー」組み合わせたネーミングが斬新。黒部ダムに通じる関電トンネル内の破砕帯の湧水を原料に使用。2014 年発売。／信濃大町地サイダー製作委員会

兵庫県 須磨水ぷくぷくサイダー

神戸市須磨区で「須磨を西海岸化し隊」が企画した地サイダー。2008 年 3 月に発売。ラベルのイラストが発端で商品化された。／須磨を西海岸化し隊

鹿児島県 指宿温泉サイダー

昔、指宿が「東洋のハワイ」と呼ばれていた時代をイメージしたイラストがラベル。開聞唐船峡の天然湧水を使用している。／湯砂菜企画

福岡県 能古島サイダー

ひょうたん型の島である能古島の形をラベルに活かしている。間もなく、ラベルに描かれているフェリーの絵柄が変わるらしい。／有限会社ウィロー

広島県 尾道チャイダー

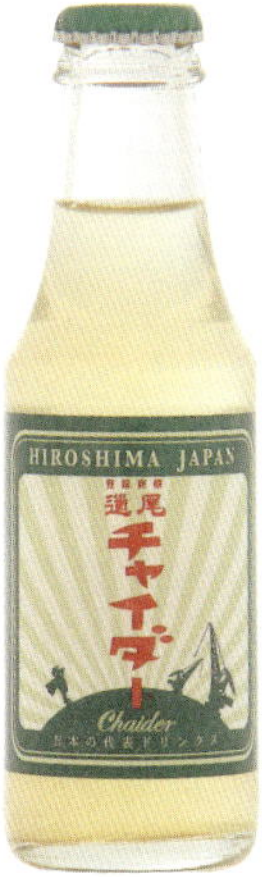

お茶を使ったサイダーとしては、先発グループに入るだろう。姉妹品に広島カープデザインの「カープチャイダー」がある。／チャイサロンドラゴン

兵庫県 姫路城サイダー

美しい姫路城がラベルになったサイダー。瓶はリターナブル瓶を使用している。／キンキサイン株式会社

水にこだわったサイダー

各地に存在する名水。古くは病を癒やす奇跡の水とされたものも。酒の仕込み水やお茶をおいしくいれるための水など、地域で愛されてきた水が、サイダーとして生まれ変わる。

北海道 とまチョップサイダー

「とまチョップ」というのは、苫小牧市の公式キャラクター。甘さは北海道産のビート、支笏湖水系のミネラルウオーターを使用。2012年10月発売。／渡辺佐平商店

長野県 たてしな 御泉水サイダー

蓼科山の伏流水である「蓼科御泉水」を使用。「長野県の銘酒『明鏡止水』の仕込み水と同じ。／大澤酒造

栃木県 鬼怒川サイダー

日光市の老舗酒蔵、渡邉佐平商店の仕込み水として使われている地下水を100％使用。直球勝負の名水サイダー。シリーズに「完熟りんご」「とちおとめ」がある。／登屋本店

佐賀県 103サイダー

「てんざんサイダー」と読む。佐賀の酒造メーカー「天山酒造」が使用している天山山系の「仕込み水」と、相知産の香り高いすだちの果汁を使用。／七田酒類販売

大阪府 桜川サイダー

大阪は能勢で、1712年に能勢で清酒「桜川」の製造をスタートした能勢酒造。その仕込み水と最新の炭酸水製造技術で造ったサイダーだ。／能勢酒造株式会社

岐阜県 郡上八幡天然水サイダー

郡上八幡は水の城下町として名高いところ。その天然水で仕込んだサイダー。炭酸は強すぎず、飲みやすく仕上がっている。／財団法人 郡上八幡産業振興公社

三重県 若戎サイダー

1853年より、忍者の里、伊賀青山で酒造りを始めた「若戎酒造」が、お酒の仕込み水を使って造った地サイダー。／若戎酒造株式会社

果汁の入ったサイダー

かつて、果汁は発酵する可能性があり、破瓶の恐れがあるのでサイダーへの使用はタブーとされてきた。だが、製造技術の向上により実現したのが、果汁入りのサイダーである。

北海道 ハスカップソーダ

ハスカップとは、北海道に自生する植物だが、栽培もされている。ビタミンCや鉄分、カルシウム、アントシアニンなどを含んでいて、酸味が強いベリー系の味わい。／丸善市町

静岡県 ニューサマーサイダー

伊豆の特産品であるニューサマーオレンジ果汁をしっかり感じるサイダー。写真はリニューアル後のラベルのデザイン。／ふたつぼりみかん園

石川県 青の雫

能登町のブルーベリー果汁を一部使用して作られたサイダー。ラベルのデザインもおしゃれ。／株式会社 Ante

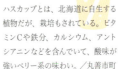

高知県
高知メロンサイダー

「西島園芸団地」で栽培された高知メロンの果汁が入っている。クリームソーダにしたい色合いのサイダーだ。／株式会社西島園芸団地

広島県
レモン&はっさくサイダー

瀬戸内のレモン果汁と、因島のはっさく果汁をブレンドし、愛媛県の「伯方の塩」で味を整えた甘さを抑えたサイダー。／宝積飲料株式会社

島根県
スイートママ ウメサイダー

昭和７年にラムネやサイダーの製造をする飲料会社としてスタート。地元のウメを使用し、無香料、無着書で仕上げている。スイートママとはさんべ食品のお母さんのこと。／さんべ食品工業

和歌山県
有田みかんサイダー

伊藤農園のみかん果汁を20%も使用して作ったサイダー。素朴なラベルデザインが魅力。みかんの味がしっかりして、かなりおいしい。／伊藤農園×能勢酒造

塩がメインのサイダー

近年、夏の熱中症対策に、適度な塩分の摂取が推奨されている。そこで注目されているのが塩。各地にある自慢の塩を使ったサイダーをご紹介しよう。

北海道 オホーツクの恵み 塩サイダー

2010年に登場した「日本最北端の塩サイダー」がリューアルして2013年に登場した。／株式会社　小原

山梨県 山脈塩屋 塩サイダー

南アルプス山脈で湧き出す、ミネラル分が豊富に含まれた高濃度強塩源泉から炊きだした塩が山脈塩。その塩を使って作られたサイダー。／中央物産株式会社

大阪府 三扇 塩サイダー

「赤穂塩」とは、江戸時代から行われている、"にがり"を多く含ませた秘伝の差塩製法で作られた塩。そんな「赤穂塩」の存在をしっかり感じるサイダー。／寿屋清涼食品

沖縄県 沖縄塩サイダー

沖縄県宮城島のきれいな海で採取した海水を、独自製法で製塩した『ぬちまーす』を使用している。／琉球フロント

沖縄県 イエソーダ グリーンマース

沖縄の大宜味村で取れたシークヮーサーを皮ごと絞った果汁に、伊江島の海水から作られた塩「荒波」をプラスした。／株式会社伊江島物産センター

石川県 しおサイダー

奥能登、石川県珠洲市で400年以上前から続いている、「揚げ浜式」と呼ばれる製塩方法で作られた塩を使ったサイダー。／株式会社 Ante

香川県 直島塩サイダー

直島塩は、島の沖合いからポンプでくみ上げた海水を循環し、火を使わずに太陽熱で水分を蒸発させて塩分濃度を上げて結晶化させている。ミネラルが多いのが特徴。／NPO 法人直島観光協会

飲むより食べたい!? サイダー

これまでの常識からすると、驚くような素材やネーミングのサイダーたちが勢ぞろい！
「これはどうなんだろう？」と思ったなら、やっぱり飲むしかないだろう。

北海道 昆布サイダー

北海道産の昆布エキスを使用したサイダー。昆布の風味がしっかり出ていて、錯覚かも知れないが、粘度も感じる。「だし汁」と考えればそれほど奇天烈ではない。／有限会社ノース・クレール

宮城県 牛たんサイダー

焼肉屋さんでお馴染みの牛たん。しかも炭火焼き。牛たんは入っていないのに、そのままの味がする。香ばしく焼いたパンの耳と一緒に食べたらおいしかった。／トレボン食品株式会社

埼玉県 サイモー

さつまいもは埼玉県の川越市の名物のひとつ。味作りに1年以上の歳月をかけて作られた、さつまいものサイダー。一度飲んだら忘れられない味だ。／開運堂

富山県
富山ブラックサイダー

富山県の名物となったこしょうたっぷりのラーメンの「富山ブラック」をサイダーに。スパイシーな風味だが、想像以上に美味しく仕上がっている。／トンボ飲料

佐賀県
米サイダー

クリームソーダをベースに、佐賀県唐津市で収穫されたおいしいお米を使用。瓶底にお米の粉が沈殿している。／小松飲料

長崎県
カステラサイダー

長崎名物のカステラをサイダー化したもの。飲むと「ああ、かすてら、かすてら！」と思わず口をつく。カステラを模した紙のパッケージもかわいい。／田浦商店

沖縄県
ちんすこうサイダー

沖縄名物のちんすこうをサイダー化。小さな瓶入りで、二本セットで売られている。沖縄みやげにおすすめ。／琉球フロント

美しさを追求したサイダー

ラベルのデザインが美しいサイダー、ボトルが美しいサイダー、色が美しいサイダーなど見ているだけでも楽しめるサイダーがある。見て飲んで、様々に味わってほしい。

新潟県 鯨泉

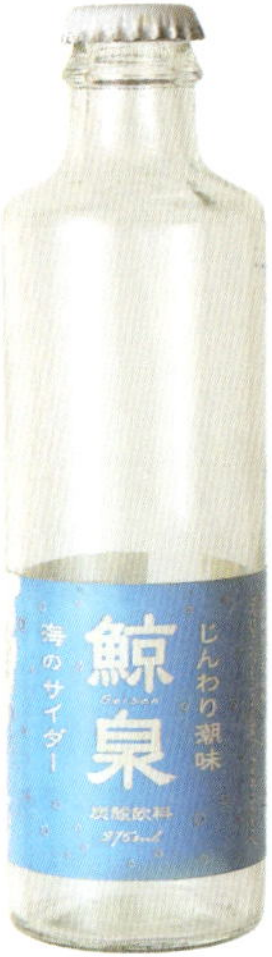

2011年に新潟県の鯨波にある旅館の三代目が企画。ココナッツ風味で、砂糖は不使用。甘味料はスクラロースのみで微かに塩味がする。／鯨泉制作委員会

大阪府 目出たいソーダ

ラベルが華やかでおめでたい。桜の花びらが入っており、お祝いなどにもよさそうな逸品。サイダー自体もほんのり桜色である。／ハタ鉱泉

福井県 いけソーダ

福井県池田町で販売されているサイダー。リターナブルびんを使用しているので、瓶を返すと瓶代が返金される。シンプルで力強いデザイン。／株式会社「まちUPいけだ」

島根県
プレミアムスパークリングローズ

なによりも目を引くのは、鮮やかな赤いサイダーの色、なんと、天然の薔薇の色素だけで仕上げている。飾っておきたくなるが、天然色素なので退色するため、早めに飲もう。／奥出雲薔薇園

徳島県
神山すだちサイダー

神山のすだちを使用。素朴なデザインのラベルが魅力。神山町はIT企業誘致や、アーティストに作品を残してもらったりとユニークな取り組みで居住者を増やしている。／株式会社神山温泉

佐賀県
謹製サイダァ

清酒風のなで肩の瓶が特徴。一杯やった気分になれるかも。2006年グラスボトルデザイン審査員特別賞を受賞している。／株式会社友桝飲料

長崎県
小粋なサイダー

「IKIKKO」という、ちょっとセクシーなキャラクターが目印。壱岐産のしそエキスを使用。はちみち入りでやさしい甘さ。きれいな色は野菜色素を使用している。／壱岐焼酎協業組合

Column

地サイダーを楽しもう

今回、改めて2000年以降に売られていた地サイダーについて調べてみたところ、なんと650種類の銘柄を確認。それでも、まだまだ調べきれていないものもあるだろうから、それ以上あるのは確かだろう。

多くの地サイダーはインターネットなどを利用すれば、通信販売で気軽に入手できる。わざわざ遠くまで出向かなくても、日本中、どこでも楽しめることになった。この利便性は地サイダーブームが生まれたひとつの要因になっている。

しかし、わずかではあるが、まだそう簡単に手に入らない地サイダーもある。昔ながらのリターナブル瓶を使い、地元だけで販売しているサイダーだ。できれば、そういったサイダーを飲みに、現地へ行ってみてほしい。そのサイダーが生まれた土地の文化や風土とともに、その味を楽しむ。地サイダーは、そんな旅の楽しみにもなると思う。

日常の中で地元の人々に愛されてきたサイダー、それが地サイダーの本来の姿なのではないだろうか。

第５章

全国地サイダーリスト

初公開！ 2000年以降に販売された地サイダーのリスト。
古くから手作りされている銘品から
町おこしのために新しく開発された超限定品、
さらに今はなきメーカーの「幻の地サイダー」までを徹底調査！

※イベントでのみ配布・販売されたものや、すでに終売
のものなど、現在流通していない製品も含まれます。

都道府県	品名	発売元
北海道	アサヒマスカットサイダー	アサヒ飲料（株）
北海道	あさひやまどうぶつえんのあざらしサイダー	旭山動物園
北海道	あしょろのカシスサイダー	（株）小原
北海道	あしょろの木苺を使ったシャンメリー	（株）小原
北海道	アロニアサイダー	むかわ町観光協会
北海道	池田ぶどうサイダー	（株）十勝かんこ農場
北海道	オホーツクの恵み　しおサイダー	（株）小原
北海道	キンコーサイダー（金港サイダー）	金港食品
北海道	銀星シトロン	（株）小原
北海道	倉島ミネラルサイダー	倉島乳業（株）
北海道	合格祈願さいだぁ	（株）小原
北海道	昆布サイダー	（有）ノース・クレール
北海道	さくら	（株）小原
北海道	サッポロサイダー	日本製酒（株）
北海道	さらべつすももサイダー	（株）十勝かんこ農場
北海道	清水アスパラサイダー	（株）十勝かんこ農場
北海道	新得うめサイダー	（株）十勝かんこ農場
北海道	セピアのしげき	（株）丸善市町
北海道	樽生たっぷ米サイダー	（株）新篠津ふるさと振興公社
北海道	天サイダー	羊と雲の丘観光
北海道	でんすけさんちのスイカサイダー	当麻町商工会
北海道	十勝ワイナリーぶどう果汁サイダー	北海道池田町観光協会
北海道	とまチョップサイダー	（株）丸善市町
北海道	日本最北端塩サイダー	（株）小原
北海道	白梅	（株）小原
北海道	ハスカップサイダー	（株）小原
北海道	ハスカップサイダー	中川町商工会
北海道	ハスカップソーダ	（株）丸善市町
北海道	鼻すっきりサイダー	（株）小原
北海道	美瑛サイダー　青い池	美瑛町商工会
北海道	美瑛サイダー　小麦畑	美瑛町商工会
北海道	美瑛サイダー　夕焼けの丘	美瑛町商工会
北海道	広尾オーシャンブルー	（株）橘産業

都道府県	品名	発売元
北海道	広尾しおサイダー	(株) 十勝かんこ農場
北海道	北海道サイダー　スパークリングキャロット　にんじん	北海道アグリマート
北海道	北海道サイダー　スパークリング・グレープ赤	北海道アグリマート
北海道	北海道サイダー　スパークリング・グレープ白	北海道アグリマート
北海道	北海道サイダー　スパークリングコーヒー	ロイズコーヒーユニオン (株)
北海道	北海道サイダー　スパークリングトマト	北海道アグリマート
北海道	本別黒豆サイダー	(株) 十勝かんこ農場
北海道	洋なしの炭酸水	増毛町限定国稀酒造
北海道	りんごの炭酸水	増毛町限定国稀酒造
青森県	青森カシスサイダー	青森カシスファーム
青森県	あおもりシードル　アップルソーダ	(株) JR 東日本青森商業開発
青森県	青森ねぶたサイダー	カネショウ (株)
青森県	赤～いりんごのサイダー	赤～いりんご (株)
青森県	朝日サイダー	(有) 朝日サイダー佐野本店
青森県	NKA　レモンサイダー	日本果実加工 (株)
青森県	カシッスー	カフェレストランジュノン
青森県	キングサイダー	(有) 中西商店
青森県	小関サイダー	小関商事
青森県	さとうくんサイダー	十和田フーズ
青森県	じんこちゃんサイダー	ATV 青森テレビ開局 45 周年記念
青森県	津軽さくらサイダー	日本果実加工 (株)
青森県	三島シトロン	八戸製氷冷蔵 (株)
青森県	みしまバナナサイダー	八戸製氷冷蔵 (株)
青森県	宮黒サイダー	あずま農園
青森県	矢の根弓サイダー	佐野商店
岩手県	きらリンサイダー	陸前高田市
岩手県	光泉サイダー	(株) 佐幸本店
岩手県	さんてつサイダー	(株) 佐幸本店
岩手県	野田村　山ぶどうサイダー	(株) のだむら
岩手県	ハチマンサイダー	八幡平市産業振興 (株)
岩手県	マスカットサイダー	(有) 神田葡萄園
岩手県	龍泉洞サイダー	岩泉乳業 (株)
宮城県	赤玉サイダー	小川サイダー店

都道府県	品名	発売元
宮城県	海の男と潮騒ダー（塩味）	千葉一商事
宮城県	おやじの晩酌サイダー	トレボン食品（株）
宮城県	がんばろう日本！サイダー	トレボン食品（株）
宮城県	牛たんサイダー	トレボン食品（株）
宮城県	金華サイダー	（有）金華山醸造
宮城県	金華サイダー　シークワーサー味	（有）金華山醸造
宮城県	気仙沼サイダー（パイン）	千葉一商事
宮城県	こどもの晩酌サイダー	トレボン食品（株）
宮城県	ずんだサイダー	トレボン食品（株）
宮城県	仙臺サイダー	トレボン食品（株）
宮城県	伊達サイダー	トレボン食品（株）
宮城県	松島うめサイダー	むとう屋
宮城県	ママの晩酌サイダー	トレボン食品（株）
秋田県	秋田サイダー	六郷まちづくり（株）
秋田県	豪石サイダー	（株）秋田県酒類卸
秋田県	正札サイダー	大館市大町商店街振興組合
秋田県	タカラサイダー	（有）榎食品
秋田県	釣りきち三平サイダー	六郷まちづくり（株）
秋田県	仁手古サイダー	六郷まちづくり（株）
秋田県	ニテコシトロン	仁手古清涼飲料水合資会社
秋田県	仁手古りんごサイダー	六郷まちづくり（株）
秋田県	ハチ公サイダー	大館市大町商店街振興組合
山形県	エコーサイダー	林飲料
山形県	共栄パインサイダー	（株）山形共栄
山形県	金鶴サイダー	（有）五十嵐飲料
山形県	金鶴パインサイダー	（有）五十嵐飲料
山形県	コロナサイダー	（有）志んこや
山形県	コロナニューパイン	（有）志んこや
山形県	コロナパイン	（有）志んこや
山形県	ニッシンサイダー	荘内合同飲料
山形県	ニッシンフルマークスパイン	（有）荘内合同飲料
山形県	肘折カルデラサイダー	肘折温泉郷振興（株）
山形県	フジサイダー	（株）冨士サイダー工場

都道府県	品名	発売元
山形県	フジパインサイダー	（株）冨士サイダー工場
山形県	みずいろの雨	山形食品(株)（企画開発はＪＡ全農山形グループ）
山形県	みちのく Series パインサイダー	木村飲料（株）
山形県	山形尾花沢スイカサイダー	山形食品(株)（企画開発はＪＡ全農山形グループ）
山形県	山形さくらんぼサイダー	山形食品(株)（企画開発はＪＡ全農山形グループ）
山形県	やまがたパインサイダー	三和缶詰
山形県	山形パインサイダー	山形食品(株)（企画開発はＪＡ全農山形グループ）
山形県	山形ラ・フランスサイダー	山形食品(株)（企画開発はＪＡ全農山形グループ）
福島県	会津磐梯 N.M.S.W サイダー	（株）ハーベス
福島県	会津磐梯サイダー	（株）オノギ食品
福島県	アイラブふくしまがんばっぺサイダー	（有）ケーフーズ生田目
福島県	元祖磐梯サイダー	（株）鈴長椎野
福島県	喜多方なつはぜサイダー	会津喜多方物産協会
福島県	キビタン福サイダー	株式会社ビックメイツ
福島県	大正浪漫夢二のサイダー	（株）まちづくりふねひき
福島県	たむらサイダー	（株）まちづくりふねひき
福島県	土湯温泉サイダー	元気アップつちゆ事務局
福島県	花サイダー	（株）福島まちづくりセンター
福島県	ふらおじさんサイダー	（株）郡山銘販
福島県	みちのく夢二浪漫サイダー	（株）まちづくりふねひき
福島県	メープルサイダー	（株）キノコハウス
茨城県	いしいちぶどうサイダー	吉久保酒造
茨城県	茨城ぶどうサイダー	亀印製菓（株）
茨城県	茨城メロンサイダー	亀印製菓（株）
茨城県	大洗サイダー	月の井酒造店
茨城県	黄門サイダー	三国物産（株）
茨城県	さわやかゆずサイダー	常陸大宮市観光協会
茨城県	さわやかりんごサイダー	常陸大宮市観光協会
茨城県	大漁塩サイダー	月の井酒造店
栃木県	いちごのサイダー　とちおとめ	（株）横倉本店
栃木県	うつのみやゆめサイダー	（株）横倉本店
栃木県	お湯が湧く湧く塩原温泉サイダー	トテ馬車応援隊
栃木県	鬼怒川サイダー　完熟りんご	（有）登屋本店

都道府県	品名	発売元
栃木県	鬼怒川サイダー　とちおとめ	(有) 登屋本店
栃木県	鬼怒川サイダー　日光天然水	(有) 登屋本店
栃木県	さのまるサイダー	早川食品 (株)
栃木県	幸せを呼ぶ　幸水梨のサイダー	金田果樹園
栃木県	Wベリーサイダー	(株) ダイエー
栃木県	ちょい辛そぉーだ　唐辛子入サイダー	(株) 大田原ツーリズム R
栃木県	梨サイダー幸水味	芳賀町の金田果樹園
栃木県	梨サイダーにっこり味	芳賀町の金田果樹園
栃木県	那須高原　湯けむりサイダー	月井酒店
栃木県	日光鬼怒川サイダー	渡辺佐平商店
栃木県	日光　酒蔵仕込み水サイダー	渡辺佐平商店
栃木県	ぶどうのサイダー	(株) 横倉本店
栃木県	もてぎのおいしいゆずサイダー	(株) 山星島崎
栃木県	りんごのサイダー ふじりんご	(株) 横倉本店
群馬県	浅間山サイダー	浅間酒造 (株)
群馬県	荒船風穴サイダー	おかって市場
群馬県	大滝乃湯サイダー　／缶	大滝乃湯
群馬県	軽井沢サイダー	(株) セーブオン
群馬県	草津温泉　大滝乃湯サイダー	大滝乃湯
群馬県	草津温泉湯けむりサイダー	本多みやげ店
群馬県	ぐんまちゃんサイダー	山崎酒造 (株)
群馬県	上州太田焼きそば　焼きそば職人おすすめサイダー	(株) セーブオン
群馬県	上州富岡サイダー	おかって市場
群馬県	ゆもみちゃんサイダー	大竹商店
埼玉県	大宮盆栽ダー	(株) ハーベス
埼玉県	川口アヴェントゥーラサイダー	(株) アライ
埼玉県	蔵の街さいだぁ	(株 山本商店(松本醤油商店」、(株)アライと共同企画
埼玉県	くわいサイダー	リカーショップ・シライシ
埼玉県	サイモー	開運堂
埼玉県	ささ浪サイダー (銀山サイダー)	麻原酒造 (株)
埼玉県	神社エール	長澤酒造
埼玉県	高坂 SA 限定 ゆずソーダ	オアシスフーズ (麻原酒造 (株) 系列)
埼玉県	秩父かぼすサイダー	秩父市雇用想像協議会

都道府県	品名	発売元
埼玉県	ちちぶ路サイダー	（有）戸田乳業
埼玉県	秩父の楓樹液で作ったサイダー	秩父観光土産品協同組合
埼玉県	めぬまサイダァ	縁むすび商店会
埼玉県	わらびりんごサイダー	市民生活部　商工生活室
千葉県	あじさいだー	昭和本舗栗山堂
千葉県	いちはら梨サイダー	JA 市原
千葉県	インサイダー	焼肉京城苑
千葉県	うなりくんサイダー	鍋屋源五右衛門
千葉県	おいしい房総サイダーいちご風味	ジャパンフーズ（株）＆千葉テレビ
千葉県	おいしい房総サイダー海のめぐみ	ジャパンフーズ（株）＆千葉テレビ
千葉県	おいしい房総サイダーすいか風味	ジャパンフーズ（株）＆千葉テレビ
千葉県	おいしい房総サイダー梨風味	ジャパンフーズ（株）＆千葉テレビ
千葉県	おいしい房総サイダーはちみつジンジャー	ジャパンフーズ（株）＆千葉テレビ
千葉県	おいしい房総サイダーびわ風味	ジャパンフーズ（株）＆千葉テレビ
千葉県	親父サイダー	鍋屋源五右衛門
千葉県	かまがや梨サイダー	鎌ケ谷市商工会青年部
千葉県	鴨川エナジー	合資会社いなかっぺ
千葉県	金福サイダー	——
千葉県	サクラサイダー	サクラキッチン
千葉県	多古米ダー　クリームソーダ味	昭和本舗栗山堂
千葉県	多古米ダー　ブラック	昭和本舗栗山堂
千葉県	千葉の醤油サイダー	ジャパンフーズ（株）＆千葉テレビ
千葉県	北総サイダー	（株）信水舎
東京都	大山サイダー	製造・東京飲料（株）
東京都	高円寺サイダー	製造・東京飲料（株）
東京都	高円寺南サイダー	製造・東京飲料（株）
東京都	十万馬力新宿サイダー	新宿区商店街連合会
東京都	世田谷サイダー	（株）シーズコア
東京都	高尾山天狗サイダー	道の駅八王子滝山
東京都	東京梅サイダー	（株）シーズコア
東京都	東京サイダー	（株）シーズコア
東京都	トーキョーサイダー	丸源飲料工業（株）
東京都	トーキョーサイダー　スカツリーバージョン	丸源飲料工業（株）

都道府県	品名	発売元
東京都	ねりまサイダー	(株) 秀和物産
東京都	ねり丸サイダー	(株) 秀和物産
東京都	ふなっしーサイダー	日本テレビ
東京都	ポ地サイダー	TBS ラジオ
東京都	三鷹の森サイダー	三鷹の森通り東栄会
東京都	むさし境サイダー	武蔵境市商店会
東京都	桃園サイダー	製造・東京飲料 (株)
東京都	夕香亭 いちごのサイダー	(株) シーズコア
東京都	夕香亭 うめのサイダー	(株) シーズコア
東京都	妖怪人間ベムサイダー	(株) 日本テレビサービス
東京都	ラムネ屋さんのサイダー	東京飲料合資会社
東京都	早稲田サイダー	製造・東京飲料 (株)
神奈川県	江ノ島・鎌倉サイダー	鎌倉ビール醸造 (株)
神奈川県	江ノ島サイダー	鎌倉ビール醸造 (株)
神奈川県	えび〜にゃさいだぁ いちごあじ	海老名銘酒開発委員会
神奈川県	恵方巻きサイダー	坪井食品 (株)
神奈川県	小田原の梅サイダー	報徳仕法 (株) (小田原柑橘倶楽部)
神奈川県	小田原みかんサイダー	報徳仕法 (株) (小田原柑橘倶楽部)
神奈川県	オリヅルサイダー	坪井食品 (株)
神奈川県	片浦レモンサイダー	報徳仕法 (株) (小田原柑橘倶楽部)
神奈川県	鎌倉梅サイダー	鎌倉酒販協同組合
神奈川県	鎌倉サイダー	鎌倉ビール醸造 (株)
神奈川県	鎌倉戦隊ボウサイダー	鎌倉ビール醸造 (株)
神奈川県	鎌倉ものがたりサイダー	鎌倉ビール醸造 (株)
神奈川県	黄金サイダー	Kogane-X Lab 運営委員会
神奈川県	湘南ゴールドサイダー	川崎飲料 (株)
神奈川県	湘南サイダー　プレミアムクリア	川崎飲料 (株)
神奈川県	逗子桜葉ソーダ	逗子市商工会
神奈川県	丹沢サイダー	(株) 創健社
神奈川県	ちがさきサイダー	茅ヶ崎市商業協同組合
神奈川県	ドルフィンソーダ　(ペットボトル)	(株) スリーエフ
神奈川県	葉山夏みかんサイダー	葉山酒商組合、葉山ロイヤルワイン委員会
神奈川県	横須賀ペリーサイダー EXTRA	横須賀市観光協会

都道府県	品名	発売元
神奈川県	横浜赤レンガ地サイダー	(株) キャメル珈琲
神奈川県	横浜サイダー　プレミアムクリア	川崎飲料(株)
神奈川県	横浜ポートサイダー	(株) エクスポート
神奈川県	吉田島レモンサイダー	森永牛乳小田原販売
神奈川県	レモネード	川崎飲料(株)
新潟県	オリジナルミナトシトロン	(株) セーブオン
新潟県	柏崎恋人岬オリジナル　愛求サイダー	——
新潟県	元祖スキーサイダー	大和飲料(株)
新潟県	鯨泉	鯨泉制作委員会
新潟県	新潟そ～だ　いちご	新潟麦酒
新潟県	新潟そ～だ　よもぎ	新潟麦酒
新潟県	HARB SODA	(有) 四季の定期便
新潟県	みずつちサイダー(ル レクチェ味)	blue&brown
新潟県	ミナトシトロン	(かつて佐渡にあった)
新潟県	めで鯛ザー	新潟県巻商工会
新潟県	もも太郎サイダー	(株) セーブオン
新潟県	雪男サイダー	青木酒造
新潟県	ルレクチェサイダー	新潟県観光物産(株)
富山県	越中富山やくぜんサイダー	(株) トンボ飲料
富山県	柿酢カッシュ	山田村特産加工組合
富山県	完熟林檎のサイダー	合同会社うなづき商店
富山県	北アルプスの天然水サイダー	(株) 創健社
富山県	黒部の泡水	合同会社うなづき商店
富山県	深海塩サイダー	ほたるいかミュージアム
富山県	となみ庄川ゆずサイダー	砺波市高道の飲食業柿里と砺波市観光協会
富山県	富山ブラックサイダー	(株) トンボ飲料
富山県	入善ジャンボ西瓜サイダー	合同会社善商& JA みな穂
富山県	ラボンサイダー	(株) トンボ飲料
石川県	加賀棒茶サイダー	(株) Ante
石川県	金沢湯桶サイダー柚子乙女(旧:柚子小町)	(株) Ante
石川県	金沢湯桶サイダー柚子乙女「グラスリップ」「花咲くいろは」「true tears」コラボラベル	(株) Ante
石川県	金沢湯桶サイダー柚子乙女「TARI TARI」×「花咲くいろは」コラボラベル	(株) Ante
石川県	しおサイダー	(株) Ante

都道府県	品名	発売元
石川県	能登の里山サイダー　青のしずく	(株) Ante
石川県	B.B CIDER	notono-store
石川県	ぼんぼり祭りサイダー	(株) Ante
石川県	輪島サイダー「里海」	(株) まちづくり輪島
石川県	輪島サイダー「里山」	(株) まちづくり輪島
福井県	いけソーダ	(株) まち UP いけだ
福井県	さわやか	北陸ローヤルボトリング協業組合
福井県	復刻さわやか	北陸ローヤルボトリング協業組合
福井県	ベニサイダー	エコファームみかた
福井県	ローヤルさわやか (メロン)	北陸ローヤルボトリング協業組合
山梨県	巨峰サイダー	大和葡萄酒 (株)
山梨県	こびとづかん桃サイダー	(株) 笛吹の華
山梨県	山脈塩屋　塩サイダー	中央物産 (株)
山梨県	多摩川サイダー	あしもとテラス
山梨県	ドラゴンヒルズサイダー	ドラゴンヒルズ商店会
山梨県	八ヶ岳高原サイダー	(株) ミレックスジャパン
山梨県	山梨ぶどうサイダー	木村飲料 (株)
長野県	あさまサイダー	浅間酒造
長野県	杏サイダー	長野銘醸株式会社
長野県	巨峰サイダー	(株) 信州東御市振興公社
長野県	きらめく農村	木島平村農業振興公社
長野県	銀命水サイダー	阿智つくりびとの会
長野県	くらしゅわサイダー	養命酒製造 (株)
長野県	さくら咲いたー	木祖村×桜山商店街振興組合×椙山(すぎやま)女学園大学の3者で共同開発
長野県	信州ブルーベリーサイダー	(株) 未来農業計画
長野県	信州りんごサイダー	(有) プランニング・エメ
長野県	諏訪姫かりんサイダー	(株) 花夢うらら
長野県	蓼科御泉水サイダー	大澤酒造 (株)
長野県	たてしなサイダー	(株) 立科町農業振興公社 たてしな屋
長野県	つがいけ雪どけサイダー	(株) 道の駅おたり
長野県	長野サイダー	フーズネットながの (株)
長野県	ハサイダー	信濃大町地サイダー製作委員会
長野県	龍興寺サイダー	木島平村農業振興公社

都道府県	品名	発売元
岐阜県	恵那山麓サイダー	NPO 法人　えなここ
岐阜県	郡上八幡天然水サイダー	財団法人 郡上八幡産業振興公社
岐阜県	白川郷サイダー	（株）ふく福
岐阜県	白川茶イダー	（株）白川園本舗
岐阜県	大徳さん　いちごの天然水サイダー	奥長良川名水（株）
岐阜県	大徳さんサイダー キウイ味	奥長良川名水（株）
岐阜県	長良川サイダー	伊那波商会
岐阜県	飛騨清見サイダー	（株）ふるさと清見 21
岐阜県	飛騨高山サイダー	（株）飛騨高山牧場
岐阜県	飛騨高山まんてん泡水	山一商事（株）
岐阜県	養老サイダー	養老サイダー株式会社
岐阜県	養老山麓サイダー	（株）浦野鉱泉所
静岡県	伊豆急サイダー	伊豆急物産
静岡県	伊豆サイダー	製造・木村飲料（株）
静岡県	伊豆ニューサマーサイダー	農事組合法人 二ッ堀農園
静岡県	ウコンサイダー	木村飲料（株）
静岡県	静岡サイダー	木村飲料（株）
静岡県	しずおかいちごサイダー	木村飲料（株）
静岡県	静岡汐サイダー	木村飲料（株）
静岡県	静岡地サイダー　魚がしバージョン	木村飲料（株）
静岡県	静岡マスクメロンサイダー	木村飲料（株）
静岡県	静岡みかんサイダー	木村飲料（株）
静岡県	しゅわっち　みかんサイダー	木村飲料（株）
静岡県	信州白ぶどうサイダー	木村飲料（株）
静岡県	信州りんごサイダー	木村飲料（株）
静岡県	たぬきサイダー	木村飲料（株）
静岡県	ダルマサイダー	木村飲料（株）
静岡県	トマトサイダー	木村飲料（株）
静岡県	夏色サイダー	伊豆急物産
静岡県	ニューサマーサイダー	ふたつぼりみかん園
静岡県	にんじんサイダー	木村飲料（株）
静岡県	バラのサイダー	木村飲料（株）
静岡県	福招きソーダ	木村飲料（株）

都道府県	品名	発売元
静岡県	フジエダサイダー	水道事業部？
静岡県	富士山サイダー	木村飲料（株）
静岡県	抹茶サイダー	木村飲料（株）
静岡県	緑の力	木村飲料（株）
静岡県	無香料サイダー SHOT GUN	木村飲料（株）
静岡県	もろみ酢サイダー　琉球泡水	木村飲料（株）
静岡県	WASABI ジンジャーエール	木村飲料（株）
静岡県	私のお願いかなえてくだサイダー	木村飲料（株）
愛知県	岡崎駒立ぶどうサイダー	（株）フジコーポレーション
愛知県	蒲郡みかんサイダー	（株）フジコーポレーション
愛知県	楠公サイダー	（株）フジコーポレーション
愛知県	五万石サイダー	（株）大岡屋
愛知県	サムロックサイダー	（株）大岡屋
愛知県	しゃちほこサイダー	（株）リュージン
愛知県	陶都瀬戸「SETO CIDER」いつでもラッキー・にゃっきーサイダー	彩り工房 優
愛知県	常滑市のご当地サイダー・いつでもラッキー・にゃっきーサイダー	TOKONAME 笑福猫舎（唐箕屋酒店）
愛知県	名古屋サイダー	中京サインボトリング協業組合
愛知県	西尾茶イダー	178 食品（株）
愛知県	パートナーアクアサイダー	（株）フジコーポレーション
愛知県	美人サイダー	竹新製菓（株）
愛知県	日の丸サイダー	合資会社森川飲料
愛知県	福サイダー	美浜町×日本福祉大学
愛知県	フジサイダー　プレーン	（株）フジコーポレーション
三重県	岩戸の塩サイダー	（有）ゑびや
三重県	エスサイダー	伊勢角屋麦酒
三重県	尾鷲甘夏塩サイダー	しお学舎
三重県	キララ　ポンポン水	湯の山温泉女将の会きらら
三重県	コトブキサイダー	鈴木鉱泉（株）
三重県	酒蔵サイダー	合名会社早川酒造
三重県	地サイダーなドリンク " 潤 "	（有）二軒茶屋餅角屋本店
三重県	深層水サイダー	鈴木鉱泉（株）
三重県	鳥羽サイダー	鳥羽旅館事業協同組合
三重県	新姫サイダー	熊野市ふるさと振興公社

都道府県	品名	発売元
三重県	ニンジャーエール	(株) 大田酒造
三重県	復刻エスサイダー	(有) 二軒茶屋餅角屋本店
三重県	横丁サイダー	(有) 伊勢福
三重県	若戎サイダー	若戎酒造 (株)
滋賀県	アドベリーサイダー	タカギ・フーズ (株)
滋賀県	彦根サイダー	(株) 千成亭
滋賀県	琵琶湖サイダー	南産業 株式会社
滋賀県	ミナミハマぶどうサイダー	長浜市びわ商工会
京都府	青谷のうめサイダー	城陽酒造 (株)
京都府	おたべなさいだー	京都タワー (株)
京都府	京都 miyako サイダー Cool 柚子	柑橘館 : 河田商店
京都府	京都　みやこサイダー　柚子	河田直樹 N (柑橘館・河田商店)
京都府	京抹茶のサイダー	柑橘館 : 河田商店
京都府	清水わくわくサイダー	清水順正 おかべ家
京都府	「薄桜鬼」京泡水 柚子の雫	柑橘館 : 河田商店
京都府	保津川柚子サイダー	柑橘館 : 河田商店
京都府	舞妓サイダー	(株) 京花凜
京都府	美山ブルーベリーサイダー	美山ふるさと (株)
京都府	「弱虫ペダル」御堂筋サイダー (抹茶味)	柑橘館 : 河田商店
京都府	「弱虫ペダル」ロードサイダー	柑橘館 : 河田商店
京都府	和三盆サイダー	仏蘭西焼菓子調進所
大阪府	紅い酢ソーダ	ハタ鉱泉 (株)
大阪府	甘酒サイダー	寿屋清涼食品 (株)
大阪府	大阪サイダー	大川食品工業 (株)
大阪府	クールさいだー	ハタ鉱泉 (株)
大阪府	桜川サイダー	能勢酒造 (株)
大阪府	桜川サイダー　柚子	能勢酒造 (株)
大阪府	水都サイダー	ハタ鉱泉 (株)
大阪府	梨サイダー山形ラ・フランス使用	能勢酒造 (株)
大阪府	なにわのサイダーでっせ	ハタ鉱泉 (株)
大阪府	能勢ジンジャーエール	能勢酒造 (株)
大阪府	ハッピーサイダー	能勢酒造 (株)
大阪府	パレードサイダー	大川食品工業 (株)

都道府県	品名	発売元
大阪府	松葉サイダー	（株）エス・エフ・スピリッツ
大阪府	三扇サイダー	寿屋清涼食品（株）
大阪府	三扇塩サイダー	寿屋清涼食品（株）
大阪府	三扇抹茶イダー	寿屋清涼食品（株）
大阪府	三扇ゆずサイダー	寿屋清涼食品（株）
大阪府	見山赤紫蘇サイダー	農事組合法人 見山の郷交流施設組合
大阪府	目出たいソーダ	ハタ鉱泉（株）
大阪府	桃と李のサイダー	桃李舎
大阪府	山形の実り　梨サイダー	能勢酒造（株）
兵庫県	明石サイダー	明石酒類醸造（株）
兵庫県	明石さいだー　明石玉子焼きラベル	明石酒類醸造（株）
兵庫県	ありまサイダー　てっぽう水	合資会社有馬八助商店
兵庫県	いな川スイートMemories 源氏いちじくサイダー	川西市商工会
兵庫県	雲海ゆずサイダー	キンキサイン（株）
兵庫県	玄さんサイダー	山陰酒類食品（株）
兵庫県	神戸メリケンサイダー	ヘルス商事（株）
兵庫県	ささやまサイダー	鳳鳴酒造（株）
兵庫県	島サイダー アイラブネ	マルハ物産（株）
兵庫県	シャンペンサイダー	兵庫鉱泉所
兵庫県	城崎サイダー	——
兵庫県	須磨水ぷくぷくサイダー	須磨を西海岸化し隊
兵庫県	ダイヤモンドレモン	（株）布引礦泉所
兵庫県	天空サイダー	竹田町屋カフェ寺子屋
兵庫県	阪神でんシュワー	阪神電鉄
兵庫県	姫路城サイダー	キンキサイン（株）
兵庫県	ひらのきよもんサイダー	平野商店街商店組合
兵庫県	北条鉄道サイダー	北条鉄道（株）
兵庫県	みやたんサイダー	（株）布引礦泉所
兵庫県	やすとみゆずサイダー	安富ゆず組合
兵庫県	六甲サイダー	（株）神戸六甲牧場
奈良県	桜サイダー	（株）中川政七商店
奈良県	鹿サイダー	奈良のうまいもの会
奈良県	大仏サイダー　いちご味	梅守本店

都道府県	品名	発売元
奈良県	大仏サイダー　ゆず蜜味	梅守本店
奈良県	奈良クラブサイダー	（株）シマヤ
奈良県	奈良サイダー梅	ワインの王子様
奈良県	奈良サイダープレーン	ワインの王子様
奈良県	奈良サイダー大和茶味	ワインの王子様
奈良県	大和ベジサイダーあかね	帝塚山大学　総務センター　広報課
奈良県	大和ベジサイダーまな	帝塚山大学　総務センター　広報課
和歌山県	有田みかんサイダー	（株）伊藤農園
和歌山県	梅は岡本サイダー	梅は岡本総本舗
和歌山県	梅ひと雫ジンジャーエール	わかやま農業協同組合
和歌山県	北山村のじゃばら使用サイダー	——
和歌山県	熊野サイダー　うめみかん	（有）熊野鼓動
和歌山県	熊野しそサイダー	（有）熊野鼓動
和歌山県	熊野じゃばらサイダー	（有）熊野鼓動
和歌山県	生姜丸しぼり　wakayama ginger ale	わかやま農業協同組合（ＪＡわかやま）
和歌山県	ゆあさいだぁ	湯浅醤油蔵元小原久吉
鳥取県	アホうまサイダー	（株）グロウ
鳥取県	しょうがサイダー	（株）グロウ
鳥取県	生姜砂丘サイダー	八幸企画（株）
鳥取県	とりぴーサイダー	八幸企画
鳥取県	梨サイダー	（株）グロウ
鳥取県	梨サイダー	八幸企画
鳥取県	梨汁サイダー	（株）林兼太郎商店
鳥取県	梨は炭酸（缶入り）	(有)サンパック
鳥取県	二十世紀梨サイダー	八幸企画（株）
島根県	いちじくサイダー	中浦食品
島根県	桑の実サイダー	桜江町桑茶生産組合
島根県	さ姫サイダー	奥出雲薔薇園
島根県	スイートママ　ウメサイダー	さんべ食品工業（株）
島根県	スイートママ　シソサイダー	さんべ食品工業（株）
島根県	スイートママ　ユズサイダー	さんべ食品工業（株）
島根県	だんだん梨ご縁サイダー	（有）アグリコントラクター
島根県	ピオーネポップ	社会福祉法人いわみ福祉会洋菓子工房トルティーノ

都道府県	品名	発売元
島根県	プレミアムスパークリングローズ	奥出雲薔薇園
島根県	美都町　ゆずサイダー	（株）エイト
岡山県	おかやま白桃サイダー	（株）マルシン
岡山県	玉野　毎日サイダー	（有）毎日鉱泉所
岡山県	「未知夢」	矢掛町
広島県	青汁サイダー	齋藤飲料工業（株）
広島県	尾道チャイダー	チャイサロンドラゴン
広島県	せとうち旅情レモン&はっさくサイダー	（株）プリオ・ブレンデックス
広島県	特選広島レモンサイダー	JA 広島果実連
広島県	鞆の浦サイダー	入江豊三郎本店
広島県	広島カープチャイダー	チャイサロンドラゴン
広島県	マルゴサイダー	後藤飲料水工業所
広島県	レモン&はっさくサイダー	宝積飲料（株）
山口県	しらかべサイダー	きらら 白壁の町柳井店
山口県	だいだいスカッシュ	（株）柚子屋本店
山口県	長州地サイダー	日本果実工業（株）
山口県	萩・夏みかんサイダー	（有）たけなか
山口県	ゆずスカッシュ	（株）柚子屋本店
徳島県	勝浦サイダー	ひなの里かつうら
徳島県	勝浦ひなサイダー	ひなの里かつうら
徳島県	神山すだちサイダー	（株）神山温泉
徳島県	きとうゆずサイダー	黄金の村
徳島県	すだちサイダー	司菊酒造（株）
香川県	オリーブエキスサイダー	安田商事
香川県	オリーブサイダー	（有）谷元商会
香川県	オリーブサイダー　ビール風味　限定ラベル	（有）谷元商会
香川県	オリーブサイダー　ワイン風味　限定ラベル	（有）谷元商会
香川県	四国生姜サイダー　SHIKOKU GINGER	（株）マルシン
香川県	醤油サイダー	（有）谷元商会
香川県	瀬戸内塩レモンサイダー	（株）志満秀
香川県	直島塩サイダー	（株）マルシン
香川県	盆栽サイダー	グリーンプランニング（株）
香川県	龍雲サイダー	（有）龍雲サイダー

都道府県	品名	発売元
香川県	和三盆サイダー	(株) マルシン
香川県	和三盆糖入りサイダー「涼」	足立音衛門
愛媛県	内子じゃばらサイダー JaBaRaaash! (ジャバラーッシュ)	内子フレッシュパークからり
愛媛県	えひめオレンジサイダー amanza	のうみん (株)
愛媛県	黄金柑サイダー Lunapiena	のうみん (株)
愛媛県	道後サイダー　柚子	水口酒造 (株) (にきたつ蔵部)
愛媛県	道後サイダー	水口酒造 (株) (にきたつ蔵部)
愛媛県	直島　塩サイダー	NPO 法人直島観光協会
愛媛県	バイリィさんのレモンサイダー	(株) マルシン
愛媛県	松山ライムサイダー Plime	のうみん (株)
愛媛県	ゆずサイダー	道の駅 森の三角ぼうし
高知県	北川村ゆず王国 ゆずサイダー	北川村ゆず王国 (株)
高知県	霧のマチから　四万十しょうがサイダー	おしょうファーム
高知県	高知メロンサイダー	(株) 西島園芸団地
高知県	しばてんサイダー	西込柑橘園
高知県	枇杷サイダー	(株) うずのくに南あわじ UO 淡路島味市場
高知県	みかん水	吉村飲料
福岡県	834 サイダー	ウメノ商店
福岡県	あしや人形感謝祭だぁ～	(株) てのや商店
福岡県	石井サイダー	石井飲料
福岡県	うきは市　茶イダー	UIC うきはインフォメーションセンター
福岡県	ガンバリヤカーサイダー	(株) 松本建築金物店
福岡県	菊水サイダー	江崎食品 (有)
福岡県	サニーサイダー	矢野飲料工業所
福岡県	能古島サイダー	(有) ウィロー
福岡県	ノコリータ	(有) ウィロー
福岡県	ビネガーサイダーあまおう酢	庄分酢
福岡県	ビネガーサイダー柿酢	庄分酢
福岡県	ビネガーサイダー巨峰酢	庄分酢
福岡県	ビネガーサイダートマト酢	庄分酢
福岡県	福岡県産・あまおう苺サイダー	(株) 友桝飲料
福岡県	まむしサイダー	まむし温泉
福岡県	みのうサイダー	矢野飲料工業所

都道府県	品名	発売元
福岡県	門司港　レトロバナナサイダー	（株）合馬天然水
福岡県	八女の紅茶スパークリングソーダ　blue	古賀茶業（株）
福岡県	八女の紅茶スパークリングソーダ　red	古賀茶業（株）
佐賀県	103サイダー	七田酒類販売
佐賀県	クレハ　テ　スパークリング　和紅茶サイダー	さけのいちざ
佐賀県	n.e.o（ネオ）プレミアムジンジャーエール	（株）友桝飲料
佐賀県	いちごサイダー	（株）友桝飲料
佐賀県	伊万里青梅サイダー	いまり梅加工研究会
佐賀県	伊万里紅梅サイダー	いまり梅加工研究会
佐賀県	お、茶イダー	小松飲料（株）
佐賀県	オレンジサイダー	（株）友桝飲料
佐賀県	柿の雫	（株）友桝飲料
佐賀県	唐ワンサイダー	唐津観光協会
佐賀県	完熟マンゴーサイダー	（株）友桝飲料
佐賀県	謹製サイダァ	（株）友桝飲料
佐賀県	キンセンサイダー	小松飲料（株）
佐賀県	米サイダー	小松飲料（株）
佐賀県	佐賀小城ヲトメサイダー	（株）神羅カンパニー
佐賀県	さがほのかすぱーくりんぐ	NBC ラジオ佐賀
佐賀県	塩サイダー	小松飲料（株）
佐賀県	じゃばらスカッシュ	肥前みかん屋
佐賀県	スイカサイダー	（株）友桝飲料
佐賀県	スワンサイダー　STAND SAGA オリジナルラベルバージョン	（株）友桝飲料
佐賀県	スワンサイダー復刻版	（株）友桝飲料
佐賀県	スワンミニ	（株）友桝飲料
佐賀県	トマトサイダー	（株）友桝飲料
佐賀県	ドリアンサイダー	（株）友桝飲料
佐賀県	八徳サイダー	（有）笹屋酒店
佐賀県	バブー　ピアー	（株）友桝飲料
佐賀県	バブー　マンゴー	（株）友桝飲料
佐賀県	バブー　ライチ	（株）友桝飲料
佐賀県	パンダサイダー	（株）友桝飲料
佐賀県	ビ・サイダー	小松飲料（株）

都道府県	品名	発売元
佐賀県	ぶどうサイダー	(株) 友桝飲料
佐賀県	プリンサイダー	(株) 友桝飲料
佐賀県	ペンギン Suica サイダー	JR 東日本
佐賀県	豊潤白桃サイダー	(株) 友桝飲料
佐賀県	松葉サイダー	小松飲料 (株)
佐賀県	ミニオレンジ	(株) 友桝飲料
佐賀県	ミニメロン	(株) 友桝飲料
佐賀県	やさいだートマト味	佐賀市農作物直売所・加工所連絡協議会
佐賀県	湯あがり堂　サイダー	(株) 友桝飲料
長崎県	温泉レモネード	雲仙旅館ホテル協同組合
長崎県	カステラサイダー	田浦商店
長崎県	小粋なサイダー	壱岐の蔵酒造 (株)
長崎県	そのぎ茶サイダー	東彼杵特産品加工企業組合
長崎県	そのぎ和紅茶サイダー	東彼杵特産品加工企業組合
長崎県	ツシマサンセットサイダー	對馬次世代協議会
長崎県	長崎かすていらサイダー	合資会社田浦物産
長崎県	バンザイサイダー	株式会社NKI　(旧長崎県酒販)
熊本県	阿蘇人じゃー	(有) 阿蘇・岡本
熊本県	あまくさ　サンタサイダー	天草宝島観光協会
熊本県	江津湖サイダー	熊本市水前寺江津湖公園 公園管理事務所
熊本県	謹製阿蘇人サイダー　シソ	(有) 阿蘇・岡本
熊本県	謹製阿蘇人サイダー　チョコレート	(有) 阿蘇・岡本
熊本県	謹製阿蘇人サイダー　プレーン	(有) 阿蘇・岡本
熊本県	クマモトサイダー	九州産交
熊本県	熊本サイダー　デコポン	JA 熊本
熊本県	熊本サイダー　南高梅	JA 熊本
熊本県	熊本ジンジャースカッシュ	熊本県果実農業協同組合連合会 熊本工場
熊本県	くまモンサイダー チョコレート	(有) 阿蘇・岡本
熊本県	くまモンサイダー のみもん	(有) ケイエムプランニング
熊本県	くまモンサイダー紫蘇	(有) 阿蘇・岡本
熊本県	くまモンサイダープレーン	(有) 阿蘇・岡本
熊本県	コマ大戦 地サイダー	(有) 阿蘇・岡本
熊本県	生姜サイダー	火の国酒造 (株)

都道府県	品名	発売元
熊本県	すいかサイダー	火の国酒造（株）
熊本県	二本木サイダー	（有）鳥井米穀店
熊本県	飲まないでくだサイダー	（有）阿蘇・岡本
熊本県	日ノ本サイダー	合資会社福島飲料水工業所
熊本県	ぶどうサイダー	（有）ごとう
熊本県	三菱サイダー	（株）弘乳舎
熊本県	水俣地サイダー　頭石	水俣中央商店街
熊本県	むかしサイダー	（有）ごとう
熊本県	ゆずサイダー	（有）阿蘇・岡本
熊本県	らいむサイダー	（有）ごとう
大分県	宇佐のゆずサイダー	櫛野農園
大分県	大分かぼすサイダー	（有）かぼす本家
大分県	かぼすサイダー浅地	道の駅あさじ
大分県	かぼすスカッシュ	（株）ジェイエイフーズおおいた
大分県	九重四季サイダー	九重町商工会
大分県	ざぼんサイダー	別府市
大分県	SHOWA CIDER	（有）小畑栄養食品
大分県	ミヤちゃん妖精サイダー	九重町商工会
大分県	明礬温泉サイダー	——
大分県	湯けむりサイダー	（株）みょうばん 湯の里
大分県	ゆふいんサイダー	由布院温泉観光協会
宮崎県	シュワシュワ日向夏サイダー	宮崎県農協果汁（株）
宮崎県	延岡・北方桃サイダー	九州産商（株）
宮崎県	はちみつ五ヶ瀬ぶどう地サイダー	五ヶ瀬ワイナリー（株）
宮崎県	はちみつ屋サイダー　サイダー味	（有）西澤養蜂場
宮崎県	はちみつ屋サイダー　ゆず味	（有）西澤養蜂場
宮崎県	宮崎地サイダー　日向夏	宮交ショップアンドレストラン（株）
宮崎県	宮崎地サイダー　マンゴー	宮交ショップアンドレストラン（株）
鹿児島県	奄美サイダー	徳之島・タートルベイ醸造
鹿児島県	泡雫　徳之島ヤマシークニン柑橘サイダー	MIRANNE JAPAN 合同会社
鹿児島県	泡雫　与論島じねん塩サイダー	MIRANNE JAPAN 合同会社
鹿児島県	指宿温泉サイダー	湯砂菜企画
鹿児島県	キビス・スパークリング	徳之島・タートルベイ醸造

都道府県	品名	発売元
鹿児島県	桜島マグマソーダ	奥花瀬
鹿児島県	塩サイダー	——
鹿児島県	紫蘇サイダー	——
鹿児島県	種子島スペースサイダー	合同会社まるごと種子島
鹿児島県	天文館はちみつサイダー	未確定
鹿児島県	徳之島・シークワサースパークリング	徳之島・タートルベイ醸造
鹿児島県	徳之島ジンジャーエール	徳之島・タートルベイ醸造
鹿児島県	バラサイダー	鹿児島県鹿屋市霧島丘公園（かのやばら園）
鹿児島県	へつかだいだいサイダー	肝付町
鹿児島県	屋久島タンカンサイダー	島のたからもの
沖縄県	イエソーダ　グリーンマース	（株）伊江島物産センター
沖縄県	イエソーダ　ピンクドラゴン	（株）伊江島物産センター
沖縄県	イエソーダ　ホワイト	（株）伊江島物産センター
沖縄県	ウッチンソーダ	合同会社みき屋
沖縄県	塩サイダー　ぬちまーす使用	（株）琉球フロント沖縄
沖縄県	ちゅらうみしおソーダ	一般財団法人 沖縄美ら島財団
沖縄県	ちんすこうサイダー	（株）琉球フロント沖縄
沖縄県	津堅にんじんサイダー	農業生産法人合同会社萌芽
沖縄県	パッションサイダー	川平ファーム
沖縄県	宮古島サイダー・雪塩味	パラダイスプラン
イベント	金鰲サイダー	封神 18 切符
イベント	崑崙サイダー	封神 18 切符
関西限定	塩レモンサイダー	（株）ジャスティス
関西限定	すだちサイダー	（株）ジャスティス
関西限定	みかんサイダー	（株）ジャスティス

あとがき

地サイダーの未来に向けて

各地にあるサイダーの存在を知ったのは1980年頃のこと。ノンアルコール飲料を専門分野にしようと思ったのは1987年。だが、サイダーの取材はなかなか出来なかった。

2000年、ネットニュースで「養老サイダー」の製造終了を知った。

「やばい、日本の清涼飲料の歴史が消えてしまう。早く取材しなくちゃ」。

そんな思いでスタートした地サイダー取材。少しでもその存在が世に知られることで、ずっとブランドを守ってきた人たちを応援できれば、という思いもあった。

現実はそううまくはいかなかった。販路の縮小、製造環境の劣化、高齢化、後継者問題。一時的に話題になっても、追い風にはならなかったことのほうが多い。

それでも「地サイダー」という言葉は定着した。かつてあった商品の復刻も、わずかではあるが行なわれている。

中身が同じでも、ラベルを変えれば、簡単に「ご当地サイダー」は作れる。

でも、できれば、その土地の食や風習などの文化を伝えてくれる、そんなオンリーワンの「地サイダー」が生まれ、長く愛され続けるようになることを、切に願う。

清水りょうこ

参考文献

以下の著作を参考にいたしました。

『サイダーのひみつ』（外山準一構成／学習研究社）
『なぜ三ツ矢サイダーは生き残れたのか』（立石勝規／講談社）
『日本清涼飲料史』（東京清涼飲料協会編／東京清涼飲料協会）
『ラムネ・Ｌａｍｕｎｅ・らむね』（野村鉄男／農山漁村文化協会）

参考サイト
石川飲料有限会社ホームページ　　http://www.sinfonia.or.jp/~isd-oka/
日本ガラスびん協会　ホームページ　glassbottle.org/
山形の夏の味、『パインサイダー』を飲もう！！　http://www.h5.dion.ne.jp/~pine/

その他、多数。

取材協力（五十音順）
有限会社朝日サイダー佐野本店／有馬温泉観光協会／有馬八助商店／株式会社 Ante ／五十嵐新一／いわゆるソフトドリンクのお店
株式会社ウィロー／有限会社奥出雲薔薇園／金波楼／後藤飲料水工業所／株式会社小松飲料／株式会社信水舎
全国清涼飲料協同組合連合会／全国清涼飲料工業会／全国清涼飲料工業組合連合会／東京飲料株式会社／ドーラク編集部（サイダー写真）
株式会社友桝飲料／株式会社布引礦泉所／八戸製氷冷蔵株式会社／日奈久温泉旅館組合／合資会社福島飲料水工業所
株式会社まちUPいけだ／丸源飲料株式会社／山下幸紀／養老町企業誘致・商工観光課／六郷まちづくり株式会社

特別付録

昭和の地サイダーラベル
―「五十嵐新一コレクション」より―

山形県鶴岡市にあった五十嵐飲料の代表、五十嵐新一氏が、回収したリターナブル瓶からラベルをはがして集めたのが「五十嵐新一サイダーラベルコレクション」だ。

その数は500枚を超える。かつての地サイダーメーカーの存在を今に伝える、第一級の貴重な資料である。

山形県鶴岡市　「金鶴サイダー」
五十嵐飲料有限会社

大阪府大阪市　「シスコシャンペンサイダー」
大阪飲料株式会社

秋田県男鹿市　「リリーサイダー」
三共飲料社

東京都杉並区　「三葉サイダー」
三葉本舗株式会社

懐かしの地サイダー

2016年　2月22日　第一刷発行

清水りょうこ　著

デザイン　飯島圭二

編集人　比嘉健二（V1パブリッシング）

発行人　田中　潤

有限会社　有峰書店新社
〒176－0005　東京都練馬区旭丘1－1－1
電話　03－5996－0444
http://www.arimine.com

印刷・製本所　シナノ書籍印刷株式会社

定価はカバーに表示してあります。乱丁、落丁本はお取替えいたします。

ISBN978-4-87045-287-9

清水りょうこ

1964年東京生まれ。子供の頃からジュース好き。1989年に清涼飲料水評論家としてティーン誌でコラム連載開始。以降、雑誌を中心に清涼飲料水関連の記事を執筆。テレビ・ラジオなどにも専門家として出演。著書に『なつジュー。20世紀飲料博覧會』（ミリオン出版）。青梅・昭和レトロ商品博物館缶長。

スタッフ
撮影：スタジオクライン／鈴丸
編集協力：地サイダー友の会、りょにりょに、YAKO